绿色食品生产者质量控制行为研究

Lüse Shipin Shengchanzhe
Zhiliang Kongzhi Xingwei Yanjiu

张婷 吴秀敏 著

西南财经大学出版社

图书在版编目(CIP)数据

绿色食品生产者质量控制行为研究/张婷,吴秀敏著. —成都:西南财经大学出版社,2015.2
ISBN 978-7-5504-1827-1

Ⅰ.①绿… Ⅱ.①张…②吴… Ⅲ.①绿色食品—食品加工—质量控制—研究 Ⅳ.①TS207.7

中国版本图书馆 CIP 数据核字(2015)第 048717 号

绿色食品生产者质量控制行为研究

张 婷 吴秀敏 著

责任编辑:向小英
封面设计:杨红鹰
责任印制:封俊川

出版发行	西南财经大学出版社(四川省成都市光华村街55号)
网　　址	http://www.bookcj.com
电子邮件	bookcj@foxmail.com
邮政编码	610074
电　　话	028-87353785　87352368
照　　排	四川胜翔数码印务设计有限公司
印　　刷	郫县犀浦印刷厂
成品尺寸	148mm×210mm
印　　张	8
字　　数	205 千字
版　　次	2015 年 2 月第 1 版
印　　次	2015 年 2 月第 1 次印刷
书　　号	ISBN 978-7-5504-1827-1
定　　价	48.00 元

1. 版权所有,翻印必究。
2. 如有印刷、装订等差错,可向本社营销部调换。

前　言

随着消费者对健康问题关注度的提高，食品质量安全问题越来越受到世界各国的高度重视，并且引起学术界关于食品安全相关问题的广泛研究。绿色食品是我国政府于20世纪90年代组织实施并发展起来的安全食品。基于严格的生产标准体系和检测标准体系，绿色食品代表安全、优质、营养的食品。经过20多年的发展，我国绿色食品年生产总量已超过1亿吨，国内销售额达到3625.2亿元，出口总额26.04亿美元。绿色食品生产者主要包括企业和各类农业合作组织，其中企业是绿色食品的主要供给者。企业在组织绿色食品生产过程中，"企业+农户"是一种有效模式，农户负责绿色食品原材料的生产，企业负责对原材料生产过程的监管以及原材料的加工、包装、储运、销售等环节。由于绿色食品较普通食品质量要求高，因此在生产、加工、包装、储运、销售环节对生产者的质量控制行为有一系列的标准。那么，在绿色食品从农田到餐桌的过程中，生产者农户是否实施了质量控制行为，实施质量控制行为对农户的经济效益有哪些影响，影响农户实施质量控制行为的因素主要有哪些，生产者企业是否实施了质量控制行为，企业进行绿色食品认证的意愿如何，实施质量控制行为对企业经济效益的影响有哪些，企业进行绿色食品认证的绩效如何，企业与农户在合作过程中契约怎样形成，二者行为的博弈如何，影响农户履约行为的主要因素有哪些，以及企业与农户合作关系如何治理等一系列问题值得研究和分析。四川省是我国西部绿色食品大省，绿色食品总产量规模位列全国第七、西部第一，绿色食品标准化生产基地面积位居中西部第一。因此，以四川省绿色食品生产企业与农户的质量控制行为作为研究对象有一定的代表性和典型性。

本书的研究内容主要包括五个部分，由9章组成，其中第三、四、五部分是全书的核心内容。

第一部分，引言和文献综述，包括第1、2章。第1章引言，主要包括研究背景、概念界定、研究目的与意义、研究思路与研究内容、研究方法、研究的创新与不足之处。第2章文献综述，主要对绿色食品、农户行为、食品企业质量控制行为、企业与农户合作等方面的国内外研究进行了综述与评述。

第二部分，理论基础与理论分析框架，即第3章。行为理论、激励理论、委托—代理理论、交易费用理论，是本研究的理论基础，同时构建绿色食品生产者质量控制行为理论分析框架，是本研究的理论分析框架。

第三部分，绿色食品生产农户质量控制行为分析，即第4章。主要内容包括绿色食品生产农户质量控制行为描述性统计分析、实施质量控制行为对农户经济效益影响分析、农户质量控制行为影响因素实证分析等。

第四部分，绿色食品企业质量控制行为分析，包括第5、6、7章。第5章企业实施绿色食品认证的意愿研究，主要分析了企业实施绿色食品认证的意愿及影响因素。第6章绿色食品企业质量控制行为分析，主要内容包括企业质量控制行为、企业实施质量控制行为的机制分析，以及企业实施绿色食品认证的绩效评价。第7章绿色食品企业实施质量控制行为影响因素分析。

第五部分，绿色食品企业与农户合作行为研究，包括第 8、9 章。第 8 章绿色食品企业与农户的合作行为分析，企业与农户之间契约的形成、企业与农户的博弈分析、农户的履约行为、企业与农户合作关系的治理。第 9 章结论与政策建议。

本书是在笔者的博士论文的基础上，经过认真修改而成。同时本书是四川省学术和技术带头人后备人选培育基金项目"安全农产品生产行为及机制设计研究"的部分研究成果，成都信息工程学院引进人才科研启动项目的部分研究成果。

本书的出版得到了成都信息工程学院引进人才科研启动项目、四川省学术和技术带头人后备人选培育基金和四川农业大学双支计划的资助。

张　婷

2014 年 12 月

摘　要

随着世界工业化步伐的加快，生态环境恶化，资源日益衰减，农产品质量安全问题频发，消费者对安全、优质食品的需求与日俱增。发达国家率先开始发展节约资源、环境友好、健康营养的有机食品。为了实现从"农田到餐桌"的农产品全程质量控制，我国政府在 1990 年开始发展健康、安全、优质的绿色食品。2004 年以来，中央连续 6 个 1 号文件都提及绿色食品的发展，党的十七届三中全会明确提出"支持发展绿色食品"。绿色食品近年来发展势头迅猛。截至 2013 年年底，我国绿色食品企业已有 7696 家，产品总数超过 19 076 个。基于严格的标准体系，绿色食品代表"安全、优质、营养"的食品，绿色食品生产者的质量控制行为直接决定了绿色食品的质量。因此，对绿色食品生产者质量控制行为进行研究，并且提出激励生产者生产绿色食品的对策建议具有很强的现实意义。

国内外学者对安全食品生产者行为主要从生产者对食品安全的动机、生产者质量控制行为、生产者食品安全行动的效益等方面进行了广泛研究，大量实证研究的结果表明，生产者的质量控制行为受到多种因素的影响。本研究以"企业+农户"产业模式为例，对绿色食品生产者质量控制行为进行研究，以计划行为理论、激励理论、委托—代理理论、交易费用理论为主要理论依据，构建农户与绿色食品企业的质量控制行为分析框架，以四川省绿色食品生产农户与绿色食品企业实地调研数据为依据，运用因子分析方法分析影响农户质量控制行为的影响因素，运用 Logit 模型分析企业实施绿色食品认证意愿的影响因素，运用模糊评价法对四川省企业实施绿色食品认证进行了绩效评价，运用二项 Logistic 模型分析影响绿色食品企业质量控制行为的影响因素，分析影响农户与绿色食品企业实施质量控制行为的主要因素，以及农户与绿色食品企业双方的合作行为，在此基础上提出促进绿色食品生产者进一步质量安全控制行为的对策建议。主要研究结论如下：

（1）对绿色食品生产农户质量控制行为的实证分析表明：影响农户实施质量控制行为因素按照显著程度依次为绿色蔬菜预期收益、农户对与绿色食品企业合作的评价、农户质量控制特征、绿色蔬菜生产成本以及农户个人特征等。

（2）企业实施绿色食品认证意愿及其影响因素的实证分析表明：产品类型、决策者对绿色食品认证的认知程度、政府食品安全监控作用、同行模仿企业数量、消费者对绿色食品的需求程度、价格预期和风险预期七个变量是企业实施绿色食品认证的影响因素。

（3）对绿色食品企业质量控制行为的调查分析发现，企业重视食品质量安全控制，通过实施产品认证和体系认证提高企业产品质量控制能力。44 家样本企业除实施绿色食品认证外，也实施其他类型的认证。其中，有 24 家企业实施了 ISO9000 质量管理体系认证，有 16 家企业实施了 HACCP 体系认证，有 11 家企业实施了 ISO14000 质量管理体系认证，有 10 家企业实施了有机食品认证。

（4）实施绿色食品认证对企业经济效益的影响分析发现，认证会造成成本的增加，依次为生产设施建设费用、销售费用、人力成本和认证、检测费用。绿色食品认证对企业收益的影响主要表现为：顾客满意度提高、产品销量增加、产品销售价格上升、企业经济效益提高，以及提高企业知名度、增强企业实力等方面。通过对四川70家企业实施绿色食品认证的绩效评价，结果显示：企业实施绿色食品认证的绩效水平总体趋势较好，企业普遍反映通过绿色食品认证的实施获得了较好的绩效。同时，对构成企业实施绿色食品认证绩效的五个维度下的不同类型企业绩效进行了排序，其中在财务绩效方面，肉及肉制品类企业绩效最好，其他四个维度中均是蔬菜瓜果类企业绩效最好。

（5）对绿色食品企业实施质量控制决策机理的分析得出，企业实施质量控制行为的主要影响因素有企业自身特征、政府监管因素和市场激励因素等。通过对44家样本企业实施质量控制行为影响因素的实证分析发现，企业自身特征因素中的"企业管理者受教育年限"变量、政府监管因素中的"政府惩罚力度"变量，以及市场激励因素中的"产品是否实现优质优价"变量、"实施绿色食品认证后企业成本收益变化"变量和"产品销量变化"变量对企业产品质量控制行为有显著影响作用。

（6）对绿色食品企业与农户合作行为的分析得到以下结论：①农户与企业的单次博弈结果为非合作的纳什均衡；农户与企业的重复博弈结果为达到帕累托最优状态，形成良性的稳定合作关系；投入专用性投资时，资产专业性越强，契约稳定性越强。②影响农户履约行为的因素包括农户个人特征、农户道德风险行为、是否有资产专用性投资、契约形式和奖励机制等。通过对农户履约行为的实证分析，农户道德风险行为因素中的"农户与企业合作后收益变化"变量和"农户是否有资产专用性投资"变量、契约形式因素中的"契约价格的确定"变量和"货款支付方式"变量、奖励机制中的"是否有奖励机制"变量对农户履约行为有显著影响作用。③绿色食品企业与农户合作关系的治理包括合约治理和关系治理，其中关系治理方式包括信任、互惠和互动三个方面，关系治理在维护农户与绿色食品企业合作稳定性方面发挥了重要的作用。

本研究的创新之处为：

（1）以绿色食品生产者质量控制行为作为研究对象，在研究对象的选择上具有一定的新颖性。消费者对绿色食品的需求不断增长，但是目前供给不足。如何调动生产者加强质量控制的积极性，生产更多、更安全的绿色食品，从而增加绿色食品的供给至关重要。在绿色食品生产实践中，"企业+农户"是一种主要模式，也是一种有效的模式。本研究选择此模式中的两个生产者——绿色食品生产加工企业和农户，分别研究其质量控制行为以及二者的合作行为，这不仅在实践中非常重要，而且在理论研究上还有待深入。

（2）研究内容的拓展。已有文献中对绿色食品生产者的质量控制行为研究较少，本研究除单独分析绿色食品企业、签约农户的质量控制行为以及探究其影响因素之外，还将绿色食品企业与农户的行为结合起来进行研究，分析二者行为的博弈以及对签约农户的履约行为及影响因素进行理论分析和实证分析，在研究内容上具有一定的创新性。

（3）通过实证研究，得到一些新颖的研究结论，比如"企业管理者受教育年限"、"政府惩罚力度"是影响企业实施质量控制行为的因素，"农户与企业合作后收益变化"是影响农户与企业合作的因素。通过对绿色食品生产农户实证研究，得出影响农户实施质量控制行为的显著影响因素；通过对绿色食品企业实证研究，得出影响绿色食品企业实施质量控制行为的显著影响因素；通过对绿色食品生产农户履约行为实证研究，得出影响农户履约行为的主要因素。这些实证研究结论不少很有新意，可以为促进我国绿色食品产业发展提供决策依据。

目 录

1 引言 / 1

1.1 研究背景 / 1
1.1.1 发展绿色食品的必要性 / 1
1.1.2 绿色食品生产者质量控制行为研究的必要性 / 4

1.2 概念界定 / 7
1.2.1 绿色食品 / 7
1.2.2 绿色食品企业 / 11
1.2.3 农户 / 12
1.2.4 质量控制行为 / 12
1.2.5 合作 / 13

1.3 研究的目的与意义 / 14
1.3.1 研究的目的 / 14
1.3.2 研究的意义 / 15

1.4 研究思路与研究内容 / 16
1.4.1 研究思路 / 16
1.4.2 研究内容 / 16

1.5 研究方法 / 17

    1.5.1 文献查阅法 / 17

    1.5.2 社会调查法 / 18

    1.5.3 计量分析方法 / 18

1.6 研究的创新与不足之处 / 19

    1.6.1 创新之处 / 19

    1.6.2 不足之处 / 20

2 文献综述 / 21

2.1 绿色食品研究 / 21

    2.1.1 绿色食品对食品安全和环境的积极作用 / 21

    2.1.2 我国绿色食品产业发展研究 / 22

    2.1.3 消费者绿色食品消费行为研究 / 24

2.2 农户行为研究 / 25

    2.2.1 农户行为的理论研究 / 25

    2.2.2 农户安全农产品生产行为研究 / 27

    2.2.3 农户质量控制行为及经济效益研究 / 28

2.3 食品企业质量控制行为研究 / 30

    2.3.1 企业提高食品安全的动机研究 / 30

    2.3.2 企业质量安全控制行为研究 / 31

    2.3.3 企业食品安全行动的效益研究 / 33

    2.3.4 企业实施质量安全认证行为研究 / 34

2.4 企业与农户合作的相关研究 / 35

2.4.1 企业与农户建立合作关系的动因研究 / 35
  2.4.2 企业与农户之间的合作类型研究 / 36
  2.4.3 农户履约行为研究 / 36
2.5 文献简评 / 37

3 理论基础与理论分析框架 / 40
3.1 行为理论 / 40
  3.1.1 计划行为理论概述 / 40
  3.1.2 生产者行为理论 / 43
3.2 激励理论 / 43
3.3 交易费用理论 / 44
3.4 绿色食品生产者质量控制行为理论分析框架 / 47

4 绿色食品生产农户质量控制行为分析 / 48
4.1 绿色食品生产农户质量控制行为理论分析 / 49
  4.1.1 绿色食品生产农户质量控制行为影响因素分析框架 / 49
  4.1.2 研究假说 / 55
4.2 方案设计与组织实施 / 57
  4.2.1 样本选择 / 57
  4.2.2 问卷设计 / 58
  4.2.3 调查方法 / 58
4.3 样本农户质量控制行为描述性统计分析 / 59

  4.3.1 农户个人特征 / 59

  4.3.2 农户家庭特征 / 60

  4.3.3 农户质量控制行为 / 63

  4.3.4 农户对绿色食品预期收益 / 64

  4.3.5 农户安全认知特征 / 65

  4.3.6 企业对农户质量监管 / 66

  4.3.7 农户合作评价 / 67

4.4 绿色食品生产农户质量控制行为对农户经济效益影响分析 / 68

  4.4.1 农户质量控制行为的成本变化分析 / 68

  4.4.2 农户质量控制行为的收益变化分析 / 69

4.5 绿色食品生产农户质量控制行为影响因素实证分析 / 69

  4.5.1 因子分析 / 70

  4.5.2 多元回归分析 / 73

4.6 实证分析结论 / 75

4.7 小结 / 76

5 企业实施绿色食品认证的意愿研究 / 78

5.1 企业实施绿色食品认证意愿及影响因素的理论分析 / 78

  5.1.1 企业实施绿色食品认证意愿的影响因素 / 78

  5.1.2 企业实施绿色食品认证影响因素的分析框架 / 85

  5.1.3 研究假说 / 85

5.2 方案设计与组织实施 / 88

5.2.1 样本选择 / 88

　　5.2.2 问卷设计 / 88

　　5.2.3 调查方法 / 88

5.3 样本企业的描述性统计分析 / 89

　　5.3.1 样本企业的基本特征分析 / 89

　　5.3.2 企业决策者特征分析 / 93

　　5.3.3 外部环境特征分析 / 95

　　5.3.4 企业预期分析 / 98

　　5.3.5 企业实施绿色食品认证的意愿 / 99

5.4 企业实施绿色食品认证意愿及影响因素的实证分析 / 101

　　5.4.1 模型构建 / 101

　　5.4.2 变量说明 / 102

　　5.4.3 模型回归结果 / 104

5.5 实证分析结果与讨论 / 107

　　5.5.1 企业特征变量对其实施绿色食品认证意愿的影响 / 107

　　5.5.2 决策者特征变量对企业实施绿色食品认证意愿的影响 / 108

　　5.5.3 外部环境特征变量对企业实施绿色食品认证意愿的影响 / 109

　　5.5.4 企业预期特征变量对企业实施绿色食品认证意愿的影响 / 111

5.6 小结 / 111

6 绿色食品企业质量控制行为分析 / 113

6.1 数据来源与问卷设计 / 113

6.2 绿色食品企业的基本情况 / 114
6.2.1 企业样本分布情况 / 114
6.2.2 样本企业基本情况描述性分析 / 116

6.3 绿色食品企业质量控制行为 / 120
6.3.1 企业关于质量控制的态度 / 120
6.3.2 企业质量控制行为 / 121

6.4 实施绿色食品认证对企业经济效益的影响分析 / 122
6.4.1 实施绿色食品认证对企业成本影响的描述性分析 / 122
6.4.2 实施绿色食品认证对企业收益影响的描述性分析 / 125

6.5 企业实施食品质量控制机制分析 / 127
6.5.1 企业实施绿色食品认证的动机 / 127
6.5.2 企业实施产品质量控制的瓶颈 / 128
6.5.3 企业关于产品质量安全培训状况 / 128
6.5.4 企业对政府绿色食品实施质量控制作用的评价 / 129
6.5.5 企业对自身实施绿色食品内部质量控制效果评价 / 129

6.6 企业实施绿色食品认证的绩效评价——以四川70家食用

农产品企业为例 / 130
　　　6.6.1 数据来源 / 130
　　　6.6.2 研究方法 / 131
　　　6.6.3 绩效评价 / 138
6.7 小结 / 145

7 绿色食品企业实施质量控制行为影响因素分析 / 147

7.1 绿色食品企业实施质量控制行为影响因素理论分析 / 147
　　7.1.1 绿色食品企业实施质量控制行为决策机理分析 / 147
　　7.1.2 绿色食品企业实施质量控制决策激励机制分析 / 150
　　7.1.3 绿色食品企业实施质量控制行为影响因素分析 / 155
7.2 绿色食品企业实施质量控制行为影响因素实证分析 / 157
　　7.2.1 数据来源及样本特征 / 157
　　7.2.2 模型构建及变量选择 / 158
　　7.2.3 研究假说 / 162
　　7.2.4 实证分析结果及讨论 / 162
7.3 小结 / 165

8 绿色食品企业与农户的合作行为分析 / 167

8.1 绿色食品企业与农户之间契约的形成 / 167

8.1.1 契约产生的背景、特点 / 167

8.1.2 绿色食品企业与农户契约的特征 / 169

8.2 绿色食品企业与农户"委托—代理"关系分析 / 172

8.2.1 签约前的逆向选择问题 / 173

8.2.2 签约后的道德风险问题 / 175

8.3 农户与企业的博弈分析 / 175

8.3.1 农户与企业的单次博弈 / 175

8.3.2 农户与企业的重复博弈 / 176

8.3.3 投入专用性投资时农户与企业的博弈 / 178

8.3.4 博弈的现实缺失 / 179

8.4 农户的履约行为分析 / 180

8.4.1 农户履约的决策 / 180

8.4.2 农户履约行为决策的理论模型构建 / 182

8.4.3 绿色食品生产农户履约行为影响因素的理论分析 / 185

8.4.4 绿色食品生产农户履约行为影响因素的实证分析 / 189

8.4.5 影响"企业+农户"合作关系稳定性的因素 / 201

8.5 企业与农户合作关系的治理 / 203

8.5.1 企业与农户合作的治理模式 / 203

8.5.2 绿色食品企业和农户之间的关系治理方式 / 204

8.6 小结 / 207

9 结论与政策建议 / 209
9.1 研究结论 / 209
9.2 政策建议 / 211

参考文献 / 214

致　谢 / 235

1 引言

1.1 研究背景

1.1.1 发展绿色食品的必要性

随着全球工业化进程加速,食品工业得到大力发展,人类在享受工业文明成果的同时,生态退化、环境污染、气候变暖,以及食品工业的新技术、新工艺增加了食品安全控制难度等问题日益加剧,对食品安全带来巨大挑战与威胁。纵观近年来全球范围内发生的重大食品安全事件:1986年英国爆发的疯牛病、1996年日本发生的大肠杆菌O-157、1999年比利时发生的二噁英污染事件、2008年美国沙门氏菌事件等,无一不对人类生命和健康带来极大危害,成为食品国际贸易障碍,对事件发生国造成重大经济损失,甚至发生政治风波(魏益民,2008)。在我国,食品安全问题同样严重,如近年来爆发的双汇"瘦肉精"事件、"染色馒头"事件、沃尔玛"假绿色猪肉"事件、雀巢奶粉"砷超标"事件、地沟油事件、"苏丹红"事件等。这些食品不安全事件不仅对人们的健康和安全带来严重威胁,而且使人们对食品质量安全的信任度降低。从我国食品质量安全问题较为突出的原因分析,主要是要素施用量不当、人员环境不卫生、添加有害投入品、包装不当四类。其中要素施用量不当是最主要的本质问题，发生频次明显高于其他问题。要素施用量不当在农产品生产环节主要表现为农药、兽药、化肥等生产资料过量施用（刘畅等，2011）。保护食品安全关系到保护人类健康、提高人类生活质量、促进食品产业健康发展等重要问题。食品质量安全已逐渐演化成全球性重大的社会经济热点问题。

　　Nelson（1970）基于农产品质量安全信息获取难易程度的分类，按照消费者获得农产品信息的难易程度，将农产品分为三类：搜寻品、经验品和信任品。①搜寻品（Search Food）主要是指消费者在购买前已经获得了产品质量安全信息，容易获取和判断农产品外在和内在的质量安全特性。这一特性使消费者能够获得比较充分的农产品质量信息，信息不对称问题并不突出。②经验品（Experience Food）是指消费者在购买前很难判断其质量和安全性，购买使用后才能判断其质量的商品，通过经验影响其购买行为。如农产品的鲜嫩程度、香味、口感、味道等。经验品特性使得农产品质量对于消费者而言，存在信息不对称问题。③信任品（Credence Food）特性是指消费者在购买前不了解产品的质量和安全性，购买使用后，消费者很难判断其质量和安全性，可能要由专业人士借助专业仪器才能判断，如农产品中是否含有激素、农药残留量、抗生素使用量、重金属含量是否超标等。信任品特性使得农产品对于消费者而言，存在严重的信息不对称。Akerlof（1970）提出，如果市场中的买者和卖者之间信息不对称，市场上就会出现劣等品驱逐优等品的现象。

　　实施食品质量安全认证制度能够有效解决食品质量信息不对称的问题。认证管理能够使认证标志成为显示食品质量安全信号的有效手段，成为帮助消费者节约信息搜寻费用的制度工具（何坪华，2004）。建立完善的认证制度和认证体系不仅会促进食品安全，而且对转变农业生产方式有积极影响（吴文良，2002）。发展绿色食品既能解决食品质量安全问题，又能解决食品质量信息不对称导致食品市场"劣品驱逐优等品"的现象。

基于严格的标准体系，绿色食品代表"安全、优质、营养"的食品。近年来党中央对发展绿色食品的重视程度不断加强，2008年党的十七届三中全会《关于推进农村改革发展重大问题的决定》明确提出"支持发展绿色食品"，2009年中央1号文件进一步要求"支持建设绿色食品生产基地"。2013年年底，全国有效使用绿色食品标志的企业总数达到7696家，产品总数达到1.91万个。其中，国家级、省级农业产业化龙头企业分别为289家和1307家。产品结构实现了多元化，包括农林及加工产品、畜禽类产品和水产类产品、饮品类产品四大类。覆盖农产品及加工食品1000多个品种，其中，初级产品占30%、加工产品占70%。绿色食品年生产总量已超过1亿吨，国内销售额3625.2亿元，出口总额26.04亿美元。绿色食品产品抽检合格率水平较高，2013年达到100%。全国已创建511个绿色食品原料标准化生产基地，面积1.3亿亩（1亩≈0.0667公顷），总产量7867万吨，对接企业1712家，带动农户1722万户，直接增加农民收入8.6亿元以上（王运浩，2014）。绿色食品已成为在国内外具有较高知名度和公信力的品牌，发展绿色食品成为促进农业增效、农民增收的一条重要途径。中国绿色食品发展中心在全国建立了38个绿色食品管理机构、11个国家级产品质量监测机构、56个省级环境监测机构，形成了覆盖全国的绿色食品质量管理和技术服务网络，构建了包含产地环境、生产过程、产品质量、包装贮运全程控制的标准体系，已累计发布绿色食品标准152项，质量安全标准达到国际先进水平。在北京、上海、天津、广州、深圳等大中城市设立了一大批绿色食品专销连锁店。

四川省是我国西部绿色食品大省。截至2013年年底，四川省绿色食品企业达到343家，产品总数达到1091个，绿色食品年产量561万吨，基地面积1803万亩，年销售额156亿元。绿色食品总产量规模位列全国第七、西部第一，绿色食品标准化生产基地面积位居中西部第一（四川省农业厅绿色食品发展中心，2014）。

1.1.2　绿色食品生产者质量控制行为研究的必要性

近年来，党中央不断加强对食品安全的管制力度。2009年6月颁布并实施《中华人民共和国食品安全法》之后，2010年2月国务院设立国务院食品安全委员会。其主要职责是：负责分析食品安全形势，研究部署、统筹指导食品安全工作，提出食品安全监管的重大政策措施，督促落实食品安全监管责任。2012年7月《国务院关于加强食品安全工作的决定》明确规定，县级以上地方政府统一负责本地区食品安全工作，本地区年度食品安全绩效考核纳入地方领导干部综合考核评价，加大食品安全责任追究制。2013年3月国务院将卫生、质检、工商、商务等多部门的食品安全监管职能进行整合，成立国家食品药品监督总局。在政府管制力度不断加强的社会环境下，绿色食品生产者质量控制行为的研究显得更有必要性和现实性。

食品生产者质量控制行为是食品质量安全最关键的因素。本研究绿色食品生产者是指"企业+农户"产业组织模式中绿色食品企业和与绿色食品企业签约农户两大类生产主体。我国绿色食品生产者主要包括企业和农民专业合作社，其中企业是绿色食品供应的主导力量。2013年绿色食品企业数量达到7696个，是农民专业合作社数量的8倍，2013年新增国家级、省级农业产业化龙头企业获得绿色食品认证产品总数为4994个，是农民专业合作社产品总数的1.6倍（中国绿色食品发展中心

2013统计年报)。

目前,企业从事绿色食品生产、加工、销售一体化经营过程中,主要采用的产业化生产模式有"企业+农户"、"企业+基地+农户"等,其表现形式有合同制或契约型,又称为"订单农业"。在这种模式下,主要是从事农产品加工的公司与农户之间直接签订契约,按照双方签订的契约界定权利与义务,农户按照契约约定进行指定品种、品质、数量的农产品生产,公司按照契约约定从事农产品收购、加工和销售,并且为农户提供相应服务。双方合同的订立、履行和违约责任承担等方面都处于独立平等的法律地位,农户保持农业生产的独立性与自主性(万俊毅,2008)。这种产业化经营模式对农户来说具有规避价格风险和市场风险的功能,对企业具有减少交易费用和维持原材料价格稳定、保证原材料品质的功能。"公司+农户"的模式是一种利益共享模式,企业能够为农户生产提供组织、营运、服务、信息、市场和新技术,为农户带来更大的收益(牛若锋,2000)。从企业和农户的相对自然禀赋的角度看,企业拥有资本、管理、技术和营销渠道,而农户拥有土地和劳动力,"企业+农户"模式是一个利益共享的结合(刘凤芹,2009)。

绿色食品的生产、加工、包装、储运、销售环节,保证食品质量是最为关键的问题。绿色食品的生产过程必须遵循一系列严格的生产标准,"公司+农户"模式有利于企业控制农户生产过程。一般现实情况为,公司以低于市场价格形式向农户提供种子、农药、化肥等生产原材料,通过现场培训、集中授课等形式向农户无偿提供生产关键性技术。这样既能保证企业原材料的质量达到绿色食品原材料标准,满足企业原材料数量的要求,为企业下一生产环节提供质量保证,又能解决分散经营的小农户生产与大市场之间的冲突难题。

农户与食品企业在绿色食品的生产过程中,就成为"利益相关者"。根据西方管理学者Trevino（1999）对"利益相关者"的定义，即"是能够影响企业或受企业决策和行为影响的个人与团体"。从利益相关者的含义出发，农户与企业作为绿色食品生产者形成了利益共同体，他们的质量控制行为对食品质量具有重要的影响，并且承担为消费者生产符合绿色食品系列标准食品的责任。在这个利益共同体中，农户与企业各自有相应的责任与权利，农户应严格按照绿色食品原材料标准进行生产，绿色食品生产企业必须保证食品生产的各个环节严格符合绿色食品标准，对生产环节实施监控体系，并对产品进行安全性监测，以避免或消除消费者的风险。根据理性经济人的假设，农户和企业为了实现自己的经济利益，在激烈的市场竞争环境中，有自觉按照绿色食品标准实施质量控制行为的意愿。

我国农业进入新的发展阶段，资源与市场对农业发展的约束不断增强，消费者对食品质量安全要求越来越高，绿色食品的现实需求与潜在需求均逐年增长。企业与农户的合作生产模式既能满足市场的需求，又能获得巨大利润。通过这种组织模式，农民收入得到增长，公司经济效益得到提高，从而为双方产生正向协调效应提供制度安排。

本研究将"企业+农户"产业组织模式作为研究对象，分析其绿色食品生产、加工过程中的质量控制行为，其中绿色食品企业是指从事绿色食品生产、加工的企业。农户作为绿色食品原材料的供应者，是绿色食品最前端的生产者，在生产过程中如何实施质量控制？哪些因素影响农户质量控制行为？企业实施绿色食品的认证意愿如何？绿色食品企业实施食品质量控制行为特征如何？影响企业实施质量控制行为的影响因素有哪些？企业实施绿色食品认证的绩效如何？农户与绿色食品企业的合作过程中，影响双方合作的因素有哪些？农户的履约情况如何？影响农户履约的主要因素有哪些？如何治理绿色食品企业与农户的关系等相关问题。这些问题的研究对保证我国绿色食品的有效供给,提高我国食品安全水平有重要的现实意义。

1.2 概念界定

1.2.1 绿色食品

1.2.1.1 绿色食品的概念

我国于1990年宣布发展绿色食品,1992年农业部批准成立了中国绿色食品发展中心(China Green Food Development Center)。绿色食品的概念最初是由中国绿色食品发展中心于1992年提出来的,是指"无污染的安全、优质、营养类食品"。后来,中国绿色食品协会(China Green Food Association)会长刘连馥对绿色食品的定义进行了补充,也被目前绿色食品管理系统和学术界的共同认可,即"遵循可持续发展原则,按特定生产方式生产,经专门机构认可,许可使用绿色食品标志商标的无污染的安全、优质、营养类食品"。本书采纳该概念。

其中:"遵循可持续发展"是指绿色食品生产是在保护环境和保持资源可持续利用的前提下,开发无污染食品,改革传统食物生产方式和管理手段,实现农业和食品工业的可持续发展。"按特定生产方式"是指按照标准生产、加工,对产品实施全程质量控制,并且对产品实行标志管理,实现经济效益、社会效益和生态效益的共同增长。"专门机构认可"目前是指我国农业部下属的中国绿色食品发展中心进行绿色食品认证。绿色食品的"无污染"是指在绿色食品生产、加工过程中,通过严密监测、控制,防范农药残留、放射性物质、重金属、有害细菌等对食品生产各个环节的污染,以确保绿色食品产品的洁净。绿色食品的"优质"特征是指产品的外表包装水平高和产品内在质量高两个方面。产品的内在质量包括内在品质优良以及营养价值和卫生安全指标高两个方面。绿色食品分为A级和AA级。A级绿色食品产地环境质量要求评价项目的综合污染指数均不超过1，在生产过程中，允许限量、限品种、限时间地使用安全的人工合成农药、肥料和调节剂。AA级标准等同于发达国家的有机食品标准，AA级绿色食品产地环境质量要求评价项目的单项污染指数不得超过1，生产过程禁止使用任何人工合成的化学物质，且产品需要3年的过渡期。

1.2.1.2 绿色食品标志管理

绿色食品实行标志管理。绿色食品标志在我国是统一的，也是唯一的。绿色食品标志由特定的图形表示（见图1.1）。即上方的太阳、中心的蓓蕾和下方的植物叶片三部分共同组成。标志图形为正圆形，意为保护、安全、希望。代表了生态环境、植物生长和生命的希望。整个标志表达了在明媚阳光下，万物茁壮生长，充满了生机和希望。提示人们保护环境，防止污染，实现人和自然的和谐发展。

图1.1 绿色食品标志

绿色食品标志商标由中国绿色食品发展中心在国家工商行政管理局注册，受国家商标法的保护。获得中国绿色食品发展中心组织认证合格的绿色食品企业和产品使用绿色食品标志商标。绿色食品商标有四种形式，即绿色食品标志图形、中文

"绿色食品"、英文"Green Food"及中英文与绿色食品标志图形组合四种形式。绿色食品证书有效期为三年。

1.2.1.4　绿色食品标准与绿色食品认证

为了实现绿色食品无污染、安全、优质、营养的特性,绿色食品有一套完整的质量标准体系。绿色食品实行产前、产中、产后全过程质量控制,质量控制的标准为绿色食品系列标准(见图1.2)。绿色食品标准包括绿色食品产地环境质量标准、绿色食品生产技术标准、绿色食品产品标准、绿色食品包装标准、绿色食品贮藏、运输标准以及其他相关标准。我国绿色食品标准是由中国绿色食品发展中心制定的统一标准。绿色食品标准以全程质量控制为核心。目前我国以地方标准发布的绿色食品生产规程已有300多项,获得绿色食品认证的6391家企业的16 748个产品都分别有企业版的绿色食品生产操作规程(中国绿色食品发展中心,2012)。

认证(Certification)的英文原意是一种出具证明文件的行动。《中华人民共和国认证认可条例》对认证的定义为:是指由认证机构证明产品、服务、管理体系符合相关技术规范、相关技术规范的强制性要求或者标准的合格评定活动,其功能是为市场或消费者提供符合标准和技术规范要求的产品、服务和管理体系信息。质量认证就是一种有效的信息披露机制,为买卖双方搭建传递信息的桥梁。既能保证高质量产品生产者的权益,又能有效促进产品质量不断提高、保护消费者的利益。

绿色食品认证首先由申请人向所在省绿色食品发展中心提交书面申请,其次所在省绿色食品发展中心至少派两名绿色食品标志专职管理人员去申请企业进行实地考察。如果考察合格,省绿色食品发展中心将对申报产品或产品原料产地进行大气、土壤和水环境监测和评价。然后,省绿色食品发展中心对检测结果和企业申请材料进行初审,并将初审合格的材料上报中国

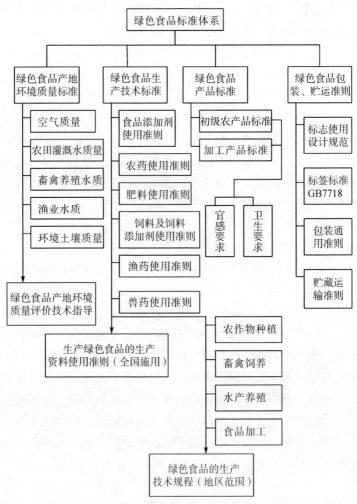

图 1.2 绿色食品标准体系框架

绿色食品发展中心。中国绿色食品发展中心对材料进行审核，如果审核合格，将由省绿色食品发展中心对申报产品进行抽样，并进行检测。中国绿色食品发展中心对检测合格的产品进行终审,终审合格后,中国绿色食品发展中心与申请企业签订绿色食品标志使用合同,并对产品进行编号,颁发绿色食品标志使用证书。获证企业每年必须接受监督检查和产品抽检。绿色食品认证模式为"环境检测+生产过程检查+产品检测"(汪学才,2004)。

绿色食品标准为绿色食品认证依据。对于接受认证的生产企业来说,绿色食品标准属于强制执行标准,企业生产的绿色食品产品和采用的生产技术都必须符合绿色食品标准要求。当消费者对某企业生产的绿色食品提出异议或依法起诉时,绿色食品标准就成为裁决的合法技术依据。

1.2.2 绿色食品企业

《辞海》中对企业的定义为:从事商品和劳务的生产经营,独立核算的经济组织。按照《绿色食品标志管理办法》(2012年农业部第6号令)对申请使用绿色食品标志的生产单位的规定,本研究中所指的绿色食品企业,是指从事绿色食品生产、加工的企业。这类企业拥有绿色食品生产的环境条件和生产技术,拥有与生产规模相适应的生产技术人员和质量控制人员,拥有稳定的生产基地。其中,从事绿色食品生产的企业主要提供以绿色食品初级农产品为主,比如新鲜蔬菜、水果和禽肉等,从事绿色食品加工的企业主要提供对绿色食品原材料进行精深加工后的食品,比如豆制品、果汁等。

绿色食品企业产品中获得绿色食品认证的产品产量在企业所有产品产量中的比例在70%以上,有的企业达到98%。该类企业一般经营规模大,经济基础雄厚,带动农户数量多。该类企业或者为国家级龙头企业,或者为省级龙头企业、市级龙头企业,在地方农村经济发展中发挥着重要的作用。根据国家统计局2011年关于大中小微型企业划分办法,本研究所涉及的绿色食品企业包括大、中、小型三种类型的食品企业。

1.2.3 农户

韩明谟（2001）认为农户（Household）也就是农民家庭，是农村微观经济的主体。它是由血缘关系组合而成的一种社会组织形式。根据史清华（1999）的解释，农户是一个和"农"字相关的地域概念。归纳起来，农户的概念有三重含义：一是对农户的职业划分，农户是从事以农业为主的户；二是对农户的经济区位划分，农户是居住在农村的户；三是对农户的政治地位和身份的划分，农户政治地位相对低下。与绝大多数城市家庭不同的是：在我国农村，农户不仅是一种生活组织，更是一种生产组织；农户的行为也不只是个体的消费行为，而且是有组织的群体生产行为。作为一种生产组织，在农户内部各家庭成员之中存在着共同的利益，并以此作为生产经营活动所遵循的共同目标和行为准则。在这一点上，农户在生产经营活动中所表现出来的组织行为与一般厂商有着相似之处。

农户是社会与经济功能合一单位。它既是从事农业生产和农业经营的经济组织，又是建立在姻缘和血缘关系基础上的社会生活组织，具有生产、消费、生育、教育等多方面的社会经济职能。本研究所指的农户主要是指以从事绿色食品原材料生产为职业的农户，是一个抽象的微观经济单位。

1.2.4 质量控制行为

欧洲质量监督组织认为，质量（Quality）是满足人们需要的各种特征和特性的总和。质量控制（Quality Control）又称为质量管理（Quality Management），是指确定质量方针、目标和职责，并且在质量体系中通过诸如质量策划、质量控制、质量保证和质量改进使其实施的全部管理职能的所有活动。食品质量控制是质量管理的理论、技术和方法在食品加工和贮藏工程中的应用。食品质量控制具有一般有形产品质量特性和质量管理的特征，同时又具有特殊性和重要性。FAO/WHO对食品控制的定义为：为强化国家或地方当局对消费者利益的保护，确保所有食品在生产、加工、储藏、运输及销售过程中是安全的、健康的、宜于人类消费的一种强制性的规则行为；同时保证食品符合安全及质量的要求，并依照法规所述诚实、准确地对食品的质量与信息予以标注。

行为在很长一段时间是心理学的研究对象。根据《辞海》（第六版）中对行为的解释，"心理学上泛指有机体对所处情境的所有反应的总和，包括所有内在的和外在的、生理性的和心理性的反应"。行为是人们受思想和心理支配而表现在外的各种反应、动作、活动和行动。行为经济学理论从人的"需要—动机—行为"发生过程解释人们的经济行为，认为人的行为由动机支配，动机由需要引起。动机是为了满足需要而进行行动的想法，动机是行为的直接反映。人的经济行为的选择受制于决策环境条件以及选择机会的信息成本和对未来的不确定性。

根据以上研究，本研究认为对绿色食品的质量控制行为是指为了保护消费者的利益，获得绿色食品认证的食品生产者（企业和农户）在生产、加工、储藏、运输及销售过程中，应该严格遵从绿色食品系列相关标准的一种强制性规则行为。

1.2.5 合作

本研究主要研究企业与农户的合作。Macneil（1978）提出，农业企业与农户之间的交易，实质是关系契约（Relational Contract），特征为长期、不完全性、不确定性和风险等。Dwyer（1987）对农业企业与农户合作进行了深入的研究，提出农业企业与农户之间的交易分为离散型交易、混合型交易和关系型交易。离散型交易是指将交易从交易者之间的其他所有中分离。交易双方除了交易没有任何其他任何东西，没有过去和将来。在现实中，离散型交易是不存在的。Dwyer举例说明了类似离散型交易的例子，如在偏远的地方有一个独立加油站，消费者一次性地购买没有品牌的汽油。关系型交易是指在较长时间里反复发生的交易。交易执行基于交易双方间存在的共同的利益。Dweyer认为交易可以看成从离散型到关系型的一个连续谱，处于离散型和关系型之间的交易就是混合型交易。混合型交易双方要做适量的资产专用性投资，同时，交易双方之间保持一定的距离。Baker（2002）认为关系契约存在于企业内外，供应链上下游供应商之间的纵向契约属于关系契约。

陈灿（2005）从12个方面分析了农业企业与农户的交易特点：是否有私人关系的嵌入，交换物品是否难以被测量，社会经济文化因素是否内生的，契约时间长短，有没有明确的开端或结束时间，是否有精确完备的计划，对未来合作的要求，是否分配收益和成本，承担义务，契约是否可被转让，参与者的数量，参与者对交易或关系的看法。绿色食品企业与农户之间的交易，属于绿色食品供应链上下游之间的合作关系。由于绿色食品质量要求的特殊性，双方均做了专业性资产投资，绿色食品企业需要有固定的原料和产品来源，这就要求与农户建立长期、稳固的合作关系。

1.3 研究的目的与意义

1.3.1 研究的目的

本研究的宗旨是揭示影响绿色食品生产者实施食品质量控

制行为的主要因素。具体来看，揭示绿色食品企业签约农户实施农产品质量控制行为的影响因素，绿色食品企业实施绿色食品质量控制行为的影响因素，以及双方合作过程中农户的履约行为，企业如何对农户的质量控制行为进行监管等。从而揭示绿色食品生产者实施质量控制的机理。本研究的主要目的如下：

（1）揭示绿色食品企业签约农户对绿色食品实施质量控制行为的影响因素；

（2）揭示企业实施绿色食品的认证意愿及影响因素；

（3）揭示绿色食品企业对绿色食品实施质量控制行为的影响因素；

（4）揭示"企业+农户"合作模式中，影响农户履约的因素，以及影响企业与农户合作关系稳定性的因素；

（5）提出激励生产者提供绿色食品的对策建议。

1.3.2 研究的意义

（1）理论意义：通过研究揭示农户绿色食品质量控制行为特征，揭示企业实施绿色食品的认证意愿及影响因素，揭示影响农户绿色食品质量控制行为的影响因素，揭示企业实施产品质量控制的影响因素，揭示企业与农户合作过程中影响农户履约的因素，企业如何监管农户的生产过程，双方合作关系的稳定性如何维护。

（2）现实意义：基于本研究成果的基础上，提出发展我国绿色食品的对策建议，指导我国绿色食品产业的发展，提高我国食品安全水平。

1.4 研究思路与研究内容

1.4.1 研究思路

一是对计划行为理论、生产者行为理论、激励理论、委托—代理理论、交易费用理论，以及有关生产者关于质量控制行为研究的文献进行综述，在此基础上，构建出一个"农户质量控制行为—绿色食品企业质量控制行为—绿色食品企业与农户合作行为"的实证分析框架。二是应用所构建的实证分析框架，首先从农户层面，分析农户生产过程中的质量控制行为，以及对农户质量控制行为的影响因素进行实证分析；其次分析食品企业的质量控制行为，以及对影响企业实施质量控制行为的主要因素进行实证分析，然后对企业与农户的合作行为进行实证分析；最后得出研究结论及相关政策建议。见图1.3。

1.4.2 研究内容

根据前面的研究思路，本研究的内容主要包括四部分：

第一部分为绿色食品农户质量控制行为分析。主要应用计划行为理论分析影响农户质量控制行为的主要因素。

第二部分为绿色食品企业质量控制行为分析。首先对企业实施绿色食品的认证意愿及影响因素进行分析，然后对企业质量控制行为进行分析，以及对企业实施绿色食品认证做出绩效评价，并且运用激励理论对企业实施质量控制行为的影响因素进行实证分析。

第三部分为绿色食品企业与农户的合作行为分析。主要对绿色食品企业与农户在合作中契约的确定、农户的履约行为、

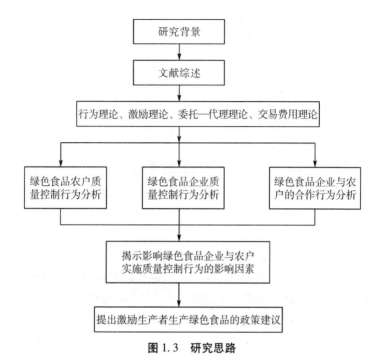

图 1.3　研究思路

企业与农户合作关系的治理等问题进行研究。

第四部分为结论与政策建议。总结本研究的结论并提出有针对性的对策建议。

1.5　研究方法

1.5.1　文献查阅法

对相关文献资料的收集、整理、阅读是在研究过程中最常用的方法。近年来关于食品生产者质量控制行为的研究国内外文献较多，国内文献大多数集中在对农户质量控制行为的研究，对某种特定物品生产企业质量控制行为的研究文献较少。因此，在研究中查阅了相关的外文文献。

1.5.2 社会调查法

1.5.2.1 问卷调查法

对农户质量控制行为和企业质量控制行为的研究中数据的收集采用了问卷调查法。本研究的调查范围包括四川省从事绿色食品生产、加工的企业，以及为这些企业提供绿色食品的农户。

1.5.2.2 面谈法

在调查过程中，选择了与农户面谈、与企业主要决策者的访谈。与农户的面谈旨在深层次地了解和掌握农户生产绿色食品中的真实想法，如遇到的困难、质量控制的难度、生产意愿、收入增长情况以及与企业合作中存在的问题。与企业主要决策者的访谈主要了解企业生产、加工绿色食品过程中遇到的困难，企业在绿色食品实施质量控制中存在的问题，企业对绿色食品生产的积极性如何，企业的盈利状况如何，企业与农户的合作中存在的困难。

1.5.3 计量分析方法

1.5.3.1 因子分析方法

本研究在第四部分对农户质量控制行为影响因素的实证分析中采用了因子分析方法，应用统计软件SPSS19.0对数据进行了处理和分析。

1.5.3.2 回归分析方法

本研究在三个部分使用了回归分析方法。第四部分在对影响农户绿色食品质量控制行为的因素的分析中，对因子分析的结果进行了回归分析。第六部分在对企业质量控制行为的影响因素的分析中使用了回归分析方法。第七部分对企业与农户的合作关系中，影响农户履约行为的因素分析中使用了回归分析方法。回归分析应用社会统计软件 SPSS19.0 对数据进行处理和分析。

1.5.3.3　模糊综合评价法

本研究在第六部分对企业实施绿色食品认证绩效评价部分，运用了模糊综合评价法，采用平衡记分卡对企业实施绿色食品认证的绩效评价。

1.6　研究的创新与不足之处

1.6.1　创新之处

本研究的创新之处为：

（1）以绿色食品生产者质量控制行为作为研究对象，在研究对象的选择上具有一定的新颖性。消费者对绿色食品的需求不断增长，但是目前供给不足。如何调动生产者加强质量控制的积极性，生产更多、更安全的绿色食品，从而增加绿色食品的供给至关重要。在绿色食品生产实践中，"企业+农户"是一种主要模式，也是一种有效的模式。本研究选择此模式中的两个生产者——绿色食品生产加工企业和农户，分别研究其质量控制行为以及二者的合作行为，这不仅在实践中非常重要，而且在理论研究上还有待深入。

（2）研究内容的拓展。已有文献中对绿色食品生产者的质量控制行为研究较少，本研究除单独分析绿色食品企业、签约农户的质量控制行为以及探究其影响因素之外，还将绿色食品企业与农户的行为结合起来进行研究，分析二者行为的博弈以及对签约农户的履约行为及影响因素进行理论分析和实证分析，在研究内容上具有一定的创新性。

（3）通过实证研究，得到一些新颖的研究结论。比如：通过对绿色食品生产农户实证研究，得出影响农户实施质量控制行为的显著影响因素；通过对绿色食品企业实证研究，得出影响绿色食品企业实施质量控制行为的显著影响因素；通过对绿色食品生产农户履约行为实证研究，得出影响农户履约行为的主要因素。这些实证研究结论不少很有新意，可以为促进我国绿色食品产业发展提供决策依据。

1.6.2 不足之处

由于自身能力和客观条件所限，本研究存在的不足之处主要表现在以下两个方面：

1.6.2.1 所调研区域有限

对绿色食品企业和绿色食品生产农户调研主要集中在四川省的5个地市，所选区域属于四川省绿色食品发展较好、产量较大的地区。因此，关于农户质量控制行为特征和影响因素，以及企业质量控制行为的影响因素的研究结论是否具有普遍性意义仍需进一步讨论。在以后的研究中，应该进行更加广泛的数据调查和分析，以获得具有普遍性的研究结论。

1.6.2.2 所调研农户生产结构有限

本研究对绿色食品生产农户的质量控制行为的研究中，由于受到研究经费、笔者精力和时间的限制，农户的调研仅限于绿色蔬菜农户。因此，研究结论可能与其他诸如养殖、水果等绿色食品农户有偏差。在今后的研究中，应增加不同绿色食品产品结构生产农户的调研，以得出更加具有普遍性的结论。

2 文献综述

2.1 绿色食品研究

2.1.1 绿色食品对食品安全和环境的积极作用

绿色食品的发展促进了社会效益的增加。首先广泛传播了可持续发展的思想和理念。李友华（2002）指出，在生产环节，通过开发绿色食品，企业和农民树立了节约资源、保护环境、注意食品安全的意识，并把这种意识自觉地融入生产过程。梁志超（2002）指出，绿色食品是顺应了消费结构的变化。在中国人民由温饱向小康过渡进而走向富裕的过程中，人们食物消费结构不断升级，对食品的需求更加讲求新鲜、营养、保健、方便和多样化。

余捷（1998）认为，在绿色食品的发展过程中，中国成功地将发展经济与保护环境有机地结合起来，将传统农业技术和现代高新技术有机地结合起来，为中国农业和食品业的产业化和可持续发展开辟了一条新途径。赵朴森（2002）提出，绿色食品是农业与环境保护的最佳结合点，绿色食品的产业化有利于促进中国农业的可持续发展，符合中国农业和食品加工业发展的方向。

2.1.2 我国绿色食品产业发展研究

绿色食品产业发展研究，早期的学者主要集中在绿色食品产业化发展模式的研究上。随着绿色食品的发展，学者们的研究逐渐转移到绿色食品产业演进研究、绿色食品产业集群研究和绿色食品产业结构优化研究等方面。

2.1.1.1 中国绿色食品产业化模式研究

中国农村地域广阔，各地生产条件、生产力发展水平不同。各地的绿色食品产业化实践也必须遵循因地制宜的原则，呈现丰富多彩的特征。姜会明（1998）、杜华章（2000）、王秋杰（2001）、张嶂（2001）、赵忠平（2001）、张台柱（2002）按组织形式的不同将产业化组织形式划分为如下模式：①"龙头"企业带动型模式，即典型的"公司+基地+农户"模式。②中介组织协调型："农产联"+企业+农户模式。③股份合作型模式：公司+科教人员+农户模式。④农业高科技园模式。刘梅（2003）提出绿色食品经济的概念，以及我国绿色食品经济的发展模式，分析了深圳果菜的"五化牵动"模式和草原兴发的"四新内化"模式等我国绿色食品经济发展模式。

2.1.1.2 绿色食品产业演进研究

刘连馥（1998）对绿色食品的概念、标准，生产、加工技术要求，管理规范和我国绿色食品产业体系建设进行了系统的研究，提出随着人们走向富裕的进程中，人们必然对食物消费结构不断升级，伴随着这一过程，绿色食品产业的结构规模、结构水平、关联程度会不断趋向高度化。刘彦等（2004）对黑龙江绿色食品产业发展现状进行了研究，并提出了对策建议。李翠霞、宋德军（2007）认为中国绿色食品产业已经进入成长阶段。韩杨（2010）研究表明：2003 年是中国绿色食品产业形成期与成长期的"临界点"，中国绿色食品产业已经成功跨越产业形成期，处于成长期向成熟期过渡阶段；它的发展将受其所在阶段的产业规模、产品和品种结构、绿色食品标准体系、认证制度、政府监管制度、绿色食品市场与消费需求等多种因素影响，同时受产业、企业、消费者、政府等方面问题的制约。

2.1.1.3 绿色食品产业集群研究

苏金福等（2005）详细阐述了闽北发展绿色食品产业集群的条件、基础、制约因素等，并对绿色食品产业集群发展提出了具体的规划。他认为，绿色食品产业集群的发展需要在政府政策、投融资体制等方面进行不断的创新；同时，从实践应用的角度提出企业应加强自主创新的能力，以提升绿色食品产业集群的竞争优势。王德章（2007）提出，通过组织创新、政策创新、管理创新来推动绿色食品产业集群的发展。邓晨亮（2007）提出，通过集群的创新，使集群内部各环节协调发展，保持其综合竞争力上升，是发展绿色食品产业竞争优势的关键。高群（2007）对绿色食品产业集群形成过程进行了研究。

2.1.1.4 优化绿色食品产业结构研究

李显军（2005）对我国绿色食品产业发展进行了研究，提出我国绿色食品产业发展模式和政策建议。罗峦（2006）、王德章（2009）分别提出优化我国绿色食品产业结构的对策建议，认为核心是优化产品结构，基础是整合资源提高市场集中度和扩大企业规模，前提是调整产业内的主要比例关系，关键是实施政策创新和加强宏观管理。贺景平（2006）、刘彦（2010）从不同角度对黑龙江绿色食品产业发展提出相关建议：在政策扶持、科技支撑、社会化服务体系健全、市场流通体系的培育和完善、质量监管检验检测系统的建立、基地环境质量预警、龙头企业带动、加强品牌整合实施名牌战略、构建完善的绿色食品市场体系。李翠霞（2006）对黑龙江省绿色食品企业生产结构进行了分析，提出政府政策支持、基地建设、科技创新、品牌经营是促进黑龙江省绿色食品企业发展的对策思路。黄金国、陈国庆（2006）对广东省发展绿色食品产业提出了对策思路。周云峰（2010）对黑龙江绿色食品品牌竞争力进行了研究，认为黑龙江目前绿色食品品牌竞争力一般，指出制约因素和发展对策。王德章等（2011）对黑龙江省绿色食品产业在全国的竞争力优势变化进行了实证分析，提出转变产业发展方式、科技创新、实施品牌战略等提升竞争力优势的对策建议。宋国宇（2011）对我国绿色食品产业发展中存在的结构性障碍和矛盾进行了分析，提出了促进产业协调发展的对策建议。

2.1.3 消费者绿色食品消费行为研究

消费者对安全食品消费行为的研究是近年来研究的热点，其中消费者对绿色食品消费行为的研究主要有：张小霞和于冷（2006），张利国、徐翔（2006），曾寅初等（2007），张连刚（2010）对消费者绿色食品消费行为进行了研究，认为消费者对绿色食品的认知程度较低，其中，消费者年龄、学历、收入水平、对绿色食品的了解程度、信任程度，以及政府监管等因素对消费者购买行为有显著影响。靳明（2007）对消费者绿色食品的消费意愿进行了研究。研究结论表明，中青年、文化程度较高和白领职员是绿色农产品的主要消费群体，消费者对绿色农产品价格比较敏感。张海英和王俊厚（2009）以广州市消费者为例，研究消费者绿色农产品的消费意愿溢价及其影响因素。研究表明，消费者对绿色农产品消费意愿不够强，意愿溢价不高，评价溢价在20%左右，消费者的绿色农产品意愿溢价受到收入、受教育程度、市场规范、消费理念等因素的显著影响。王军和张越杰（2009）对消费者购买优质安全人参的意愿及其影响因素进行了分析。结果表明，消费者年龄、家庭收入水平、质量安全忧患程度、购买人参产品金额、为生态付费意愿对消费者的消费意愿有正向影响。王国猛等（2010）对消费者个人价值观和绿色购买行为的关系进行了分析。分析表明：个人价值观、环境态度与绿色购买行为之间存在显著正相关，个人价值对环境态度有正向影响，环境态度对绿色购买行为有正向影响。

国内学者关于绿色食品的研究主要集中在绿色食品对食品安全和环境积极作用，绿色食品产业结构演变的特征，绿色食品产业结构创新的对策思路，以及消费者绿色食品消费行为等方面。所采用的分析方法，绿色食品产业结构演变特征的分析采用了产业生命周期理论、差分与模拟生长曲线方法，消费者绿色食品消费行为采用了二项 Logistic 回归模型方法。

2.2　农户行为研究

2.2.1　农户行为的理论研究

2.2.1.1　农户完全理性"经济人"理论

古典经济学家亚当·斯密提出"经济人"假说。经济人就是在利己动机的支配下，以最小的经济代价追逐和获得最大的经济利益。亚当·斯密指出，经济人在追求自身经济利益的同时也增进了社会利益，促进了社会总福利的增长。

穆勒在古典经济学关于"经济人"假设的基础上，提出"经济人"的"理性行为"，即经济活动中的个人是完全理性的。主要观点为：人有稳定的偏好，具有很强的计算能力，总能选择最优组合。

西奥多·W.舒尔茨认为农民是理性的。他通过对某些农民行为的观察发现，传统农户能够根据以往的生产经验，将其所支配的生产要素做出最优配置。在农户所处的外部限制条件下，他们的行为是有效率的。他们可以在既定条件下，做出能够给自己带来最大效用的选择，即所谓的"贫穷而有效率"。

2.2.1.2 农户"有限理性"理论

以赫伯特·西蒙为首众多学者对古典决策理论中有关完全理性"经济人"的几个基本特征不符合现实情况提出质疑。西蒙认为，①决策者的目标不是单一的、明确的和绝对的；②决策者掌握的信息和处理信息的能力是有限的；③决策制定要受到时间、空间、精力等因素的制约。因此，西蒙认为人在决策过程中是介于"完全理性"和"非理性"之间的"有限理性管理人"。在承认决策者选择行为受条件限制的前提下（自身素质、信息失灵、时间成本等），由寻求"最优"原则转为寻求"满意"、"次优"原则，有限理性符合实际情况，符合具体、现实的变化。

道格拉斯·诺思认为完全理性"经济人"的基本假设不能解释个人所有的行为，"这些传统假设已妨碍了经济学去把握某些非常基本的问题，对这些假定的修正实质上是社会科学的进步。"他提出，应该把意识形态、自我约束等非财富最大化行为引入个人预期效用函数，从而使人的行为研究更加贴近现实。诺思认为，人对环境的计算和认知能力是有限的，人不可能无所不知，因此，人是有限理性的。在这种情况下，就会产生机会主义行为，从而导致交易成本的上升。诺思提出，在有限理性下，制度通过设立一系列的规则可以有效地减少不确定性，提高人认识环境的能力。因此，制度的分析是至关重要的。人之所以有不同的选择，是因为有不同的制度框架，制度框架约束着人的选择集。

2.2.1.3 农户"非理性"经济行为研究

俄国经济学家恰亚诺夫对农户经济行为进行了分析。他认为，农民家庭是农民农场经济活动的基础，而家庭经济以劳动的供给与消费的满足为决定要素，当劳动的投入增加到主观感受的"劳动辛苦程度"与所增加产品的消费满足感达到均衡时，农场的经济活动量便得以规定。而由于生物学规律，家庭规模与人口构成中的劳动消费比率呈周期性变化，因而农场经济活动量也随之变化。这种"人口分化"而非"经济分化"是形成农户间差别的主因（秦晖，1996）。因此，恰亚诺夫认为农户是非理性的，农户经营方式是拥有一定数量土地，依靠自身劳动，其产品主要用于自身消费而不是在市场上出售追求最大利润。

丹尼尔·卡尼曼和特沃斯基（1979）对经济学关于个人复杂决策环境下的理性假设提出质疑，指出人们在面临不确定性时的决策行为，与传统预期效用理论所描述的不一致。卡尼曼通过对实验和问卷调查的结果分析，发现现实中人在不确定环境下并不一直能够保持风险回避的态度。有时候，人的决策会违背预期效用最大化原则。

西方学者关于农户行为理论的研究为学者们关于农户行为的实证研究提供了理论依据，后来的学者们在此基础上对农户行为展开广泛的研究。

2.2.2 农户安全农产品生产行为研究

近年来关于农户生产行为的研究较多。韩耀（1995）认为影响农户生产行为的因素主要有：经济因素和非经济因素。其中：经济因素包括价格、税收、生产成本、机会成本、经营方式；非经济因素包括文化及传统、户籍制度。刘荣茂（2006）分析了南京农户进行生产性投资行为的主要影响因素，包括非农就业程度、土地规模、信贷能力、教育培训支出、生产资料购入价格、公共投资设施等。王瑜（2009）研究表明，养猪户的垂直协作紧密程度对其药物添加剂的使用行为影响较为显著。

李玉勤(2010)认为,农户种植杂粮行为的目的主要为自身需要和实现利益最大化。杂粮市场价格、市场销售环境、政府支持政策等对农户种植意愿影响显著。黎洁(2011)分析山区农户的采药行为,发现农民上山采药与家庭从事非农活动和农林生产的特征、信用约束、家庭劳动力数量等相关。

农户安全农产品的生产行为的研究主要有:卫龙宝(2005)认为,目前农民虽然已培养起比较好的质量安全意识,但生活工作中的自觉应用仍然不够。农民仍然会出于简便高效而使用毒性和残留较高的农药,喷洒农药时的操作也不十分规范,生活卫生习惯不够科学。杨天和(2006)认为,农户经济目标、农户要素禀赋、市场环境和政策环境等因素共同作用影响农户的安全生产行为。王芳等(2007)认为,小农户是否实施农业标准化生产受到政府支持、销售难度、生产品种的决策方式影响。周峰(2008)分析表明,性别、家庭结构、种植面积、无公害蔬菜收入比重、是否参加质量安全培训、无公害蔬菜的商品化程度、农户对食品安全的态度、政府监管力度等因素对农户发生道德风险行为有显著影响。彭建坊和杨爽(2011)的研究表明,互动程度与依赖程度、安全农产品生产能力、利益分配方式和安全农产品生产意识对农户与企业共生合作的行为选择有显著地促进作用。华红娟和常向阳(2011)认为,是否参加供应链组织对农户安全生产行为有显著影响,加入供应链组织的农户,其生产行为更加安全。

2.2.3 农户质量控制行为及经济效益研究

国内学者关于农户质量控制行为的研究主要有:周洁红(2006)研究表明,菜农关于农药对环境影响的认知、蔬菜种植面积、菜农家庭收入结构、菜农道德责任感、菜农接受培训和学习的情况、菜农加入农业化组织的情况、政策法规的影响、社会舆论压力、期望内在报酬、获得认证情况、同行的影响、期望外在收益等是影响菜农质量安全控制行为的主要因素。赵建欣（2007）分析表明，户主年龄、生产规模、政府服务、农户对安全蔬菜的态度显著影响农户安全农产品的生产决策行为。冯忠泽等（2007）分析发现农户年龄、家庭收入和受教育程度对农户关于农产品质量安全认知水平有影响作用。吕美晔（2004）、陈雨生等（2009）研究表明，土地面积、技术指导、销售情况、预期收益率，有机蔬菜"真实增值"，监管机制的完善等因素显著影响农户安全蔬菜的生产意愿。陈凤霞（2010）分析了农户采纳稻米质量安全技术的影响因素。结果表明，农户的年龄、采纳质量安全技术的预期收益、组织化程度等为影响的主要因素。王可山（2010）认为，健全农产品质量安全保障体系对农户安全农产品的生产有促进作用。代云云和徐翔（2011）研究表明，安全蔬菜年收入量、安全蔬菜年投入量、收购方的检测力度、责任追溯能力、惩罚力度及销售渠道等，对农户蔬菜质量安全控制行为有显著影响。

国内学者关于农户质量控制行为的经济效益研究主要有：杨万江（2006）研究表明，户主受教育年限、家庭人均经营面积、农户对标准的了解评价、农户知道标准、基地的生产标准模式化、农产品市场结构、安全农产品比较价格、安全农产品自销比例、农户订单、政府作用等11个变量对农户安全农产品生产经济效益影响作用显著。王慧敏等（2011）研究表明，农户参与蔬菜质量安全追溯体系后种植蔬菜的总体效益得到提高。

综上所述，国内学者关于农户生产行为的研究主要集中在农户生产行为的影响因素，农户关于安全农产品生产行为，农户质量控制行为及其影响因素，以及农户实施质量控制行为的经济效益的研究。这些研究内容和研究方法为农户质量控制行为的研究提供了研究思路和方法的启示。

2.3 食品企业质量控制行为研究

食品生产者质量控制行为研究是国外食品安全领域研究的热点。国外学者从微观的视角,分析和评价食品生产者的食品安全行为。关于食品生产者的行为一般从政府管制的视角和企业生产安全食品动机的视角两个方面开展。文献包括企业提高食品安全的动机研究、企业质量控制行为以及企业生产质量安全食品效益研究三个方面。国内学者关于食品企业质量控制行为的研究起步较晚,取得了一定的研究成果,文献主要集中在食品企业实施质量控制影响因素、企业食品安全行动效益和企业实施质量安全认证行为研究三个方面。

2.3.1 企业提高食品安全的动机研究

发达国家的学者对企业提高食品安全的动机展开了广泛研究。从已有的研究成果看,Seddon(1993)研究表明,不同类型企业提高食品安全的动机不同,大型企业加强食品安全管理是为了降低生产成本和提高企业的运营效率,小型企业是为了满足客户的需求以及为了服从管制法规和政策的要求。Caswell(1998)提出了企业质量管理的动机模型。他认为企业安全生产的动机主要有:①公开动机。公开动机主要指食品质量销售前要求以及售后惩罚措施。②私人动机。私人动机主要指来自于企业自身发展的目标和外部认证要求。如市场占有率、企业声誉和营销。Holleran & Bredahl(1999)研究表明,企业提高食品安全的内部动机主要是降低生产成本,增加企业利润。外部动机是与交易成本相关联。Hobbs & Fearne(2002)认为,不同国家食品企业提高食品安全的动机不同。英国的食品企业提高食品安全的动机主要是为了恢复消费者对食品安全信任的危机管理，澳大利亚和加拿大的食品企业提高食品安全的动机来自于维持和扩大出口国外市场。Gomez（2002）研究表明，发展中国家的企业提高食品安全是为了提高产品在国内和国际市场竞争力。Reardon（2002）对发展中国家不同类型企业提高食品安全的动机进行了研究。研究表明，大型企业提高食品安全的动机是建立品牌来维持消费者的忠诚度，中型企业通过说服政府制定与其出口国家食品质量标准接近的官方标准来维护自身利益。

Sanford J. Grossman（1981）提出，通过建立信誉机制能形成一个高质量高价格市场均衡，从而不需要通过政府来解决食品市场的质量安全。绿色食品认证制度就是通过建立食品质量安全的信誉机制，从而解决食品质量安全问题。分散小规模经营农户由于检测成本高等原因面临建立信誉机制的困难，食品企业规模化生产以及建立合作经济组织联合农户是建立信誉保障的有效途径。这些经济组织在生产过程中通过实施农产品绿色食品认证，在消费者心目中建立良好的信誉，对于提高食品质量安全水平是有作用的。Caswell（2000）指出，为了实现食品安全的目标，企业应该在生产、加工、分类、储存各环节设定标准。Tompkin（2001）提出，保障食品安全是政府和企业共同的目标。企业有食品安全的责任，企业通过实施保证产品安全的政策和方法，达到生产安全食品的目标。Charlotte（2006）通过对中小型食品企业的调查研究表明，金钱和时间因素隐蔽了中小型企业深层次和复杂的行为问题。主要包括对食品安全法案和从业人员缺乏信任、对处理食品安全问题缺乏法律意识等。

2.3.2 企业质量安全控制行为研究

关于企业质量安全控制行为研究主要集中在食品企业对食

品安全控制的态度和食品企业采用质量安全控制的影响因素两个方面的研究。

食品企业对食品安全控制的态度方面的研究主要有：Henson（1998）对英国食品企业调查后认为，食品企业对食品安全管制态度的不同主要基于企业规模的大小；Rugman & Verbeke（1998）提出，在政府颁布食品安全法律之后，食品生产者是否接受管制主要取决于接受管制的收益，以及接受管制受到的惩罚两者大小的判断。

食品企业采用质量安全控制的影响因素的研究。Shavell（1987）认为，企业对其自身产品质量的控制能力在一定程度上依赖于企业的规模。企业对质量安全产品的供给会受到企业规模、组织及市场结构的影响。Caswell（1998）提出，食品企业是通过成本收益的评估来选择最优控制系统。Segerson（1999）对企业是否愿意采用质量安全标准进行了研究。对于具有搜索性和经验性产品，企业表现出自愿采用标准生产。而信任性产品，则在政府强制要求下，企业才会按照标准进行生产。在缺乏市场驱动的情况下，企业会由于政府的惩罚和补贴等措施自动对食品质量安全控制进行投资。Holleran（1999）认为，企业采用ISO9000体系认证的动机与采用的成本收益、企业规模、顾客需求、法律、管制的执行程度等有关。Henson（2000）研究表明，英国牛奶加工企业采用HACCP认证的主要影响因素为：内部效率、商业压力、外部需求和良好实践。Raynuad（2005）认为，企业采用质量安全控制系统主要是源于企业对自身品牌声誉的要求。Hassan（2006）认为，交易成本、责任管理、企业规模、政府与国际组织以及消费者的要求都会影响企业是否采用质量安全控制的态度。Cranfield（2010）对加拿大蔬菜和乳制品有机食品生产者生产动机研究表明，生产者对健康、安全和环境问题的关注是主要因素。

国内学者周洁红等（2009）认为，企业实施质量安全管理的动力来源于市场，企业的目标市场影响企业质量安全管理机制的选择。王世表（2009）研究表明，养殖企业对产品质量安全控制的决策行为受到经济利益因素的影响。崔彬等（2011）研究表明，家禽加工企业实施质量控制的成本收益比较，以及"优质优价"的市场环境是影响家禽企业是否增加质量安全控制投入的重要影响因素。展进涛等（2012）研究表明，政府激励行为、供应链管理和企业规模三个因素对猪肉加工企业质量管理行为有影响作用。

2.3.3 企业食品安全行动的效益研究

西方行为理论认为，人的行为都是在一定环境条件下发生的，推动人的行为的动力因素包括行为者的需要、行为动机和既定的行为目标三个方面。可以认为，企业是否在质量安全控制方面增加投入也是在一定的外部管制条件下追求利润最大化的行为。

美国马萨诸塞州大学教授 Caswell（1998）对企业食品安全行动效益进行了研究，他从收益和成本两个方面提出衡量企业实施食品安全行动的效益公式。Jensen 对猪肉的生产成本进行了计算，结论为当政府对食品安全管制制度越严格的时候，企业的生产成本越高。Zaibet & Bredahl（1997）的研究结果表明，食品安全认证成本不会成为企业实施质量管理体系的障碍因素，企业实施质量管理体系认证的成本由供应商承担，中间加工商和消费者收益增加。Henson & Holt（1999）对英国乳制品加工业进行了实证研究。结果表明，其实施危害分析与关键控制（HACCP）体系认证的成本主要是建立文件、记录、档案的成本，收益主要是企业稳定客户能力的增强。Juan et al.（2003）以西班牙的柑橘为研究对象，分别对柑橘有机生产、常规生产及有机转换生产中的要素投入、成本收益、投资回报等问题进行了探讨，提出测算生产者经济收益的方法和计量模型。Maldonad、Henson & Caswell et al. （2005）对墨西哥的肉产品行业实施 HACCP 的成本和收益进行了研究。结果显示：成本主要表现为新设备和食品的卫生检测投资；收益主要表现为两个方面：微生物污染减少而增加的收益，以及对员工实施的质量安全培训而提高产品质量的收益。

国内学者对食品安全行动效益的研究主要有：杨万江（2004）对长江三角洲无公害农产品生产企业的经济效益进行了研究。杨万江（2006）对企业安全农产品生产经济效益进行了实证研究，其中，企业职工受教育年限、企业产品的市场类型、企业实行农产品安全管理的责任人制度、企业主产品销量、企业安全投入比例、企业科技人员比例、企业拥有细菌控制设备、企业原料检测、企业建立质量安全管理体系、政府发挥作用10个变量对企业经济效益有显著影响。周洁红（2007）对117家食品企业实施 HACCP 体系决策机理及66家已实施 HACCP 体系企业的成本—收益进行了实证研究。

2.3.4 企业实施质量安全认证行为研究

王志刚（2006）对食品加工企业采纳 HACCP 认证体系的有效性进行了分析，认证后客户满意度、产品销量、税前利润都提高了，采纳 HACCP 体系能够给企业带来更大的经济效益。张惠才等（2006）对中国食品企业实施 HACCP 认证的有效性进行了分析。樊红平（2007）认为，中国生产者申请无公害农产品认证的驱动力主要是政府管制、市场要求和模仿性外驱动力。王世表（2009）认为，水产养殖企业不清楚水产品认证的作用或对认证作用缺乏信心，也缺乏生态环境保护的意识。余志刚等（2010）认为，认证的成本—收益比较是影响中国出口食品加工企业实施 HACCP 认证意愿的主要因素。

综上所述，学者们关于食品企业质量控制行为的研究，从研究内容和研究方法两个方面对本研究关于绿色食品企业质量控制行为，以及绿色食品企业实施质量控制影响因素的研究提供了借鉴。

2.4 企业与农户合作的相关研究

2.4.1 企业与农户建立合作关系的动因研究

从企业的视角分析，企业与农户建立合作关系的主要动因为：

（1）降低市场交易成本。胡定寰（1997）认为，节省交易费用成本是发展农业产业化的主要原因。

（2）保证农产品稳定供应、农产品质量安全。Reardon et al. (2000) 认为，随着食品工业的快速发展，企业为了保证原料的稳定供应，需要与农产品原料提供者建立稳定的联系。同时，随着人们生活水平的提高，消费者对食品质量和安全问题关注度上升，这就要求食品加工企业有自己的原材料供应基地，并对生产过程进行有效监控。

（3）降低企业经营风险。Boehlje（1998）认为，食品加工企业在食品生产过程中面临的风险主要包括：价格波动而引起的中间投入品的市场价格风险；原材料投入品的质量和数量不稳定的风险；食品质量安全问题。提高企业与农户建立纵向合作，有利于企业对生产各环节进行质量控制和成本控制，保证食品安全。

2.4.2 企业与农户之间的合作类型研究

目前，我国企业与农户利益联结关系主要分为三种类型：①企业与农户进行市场交易。企业收购农户的农产品，价格随行就市，农户是独立的市场主体，承担生产的收益与风险，农户拥有对生产的全部控制权。②企业与农户签订合同。按照契约界定权利与义务，农户按照契约约定进行指定品种和数量的农产品生产，企业按照契约约定收购、加工和销售农产品，企业向农户提供一定的技术或者生产资料。周立群和曹利群（2002）认为，农户是独立的市场主体，农户拥有对生产的部分剩余控制权。③企业租用农户土地的使用权，建立生产基地，然后雇用农户进行生产。企业向农户提供主要生产资料、技术服务，农户负责生产管理，企业按照农户的劳动时间或者产量向其支付工资。

2.4.3 农户履约行为研究

Zylbersztajn（2003）对巴西东北部西红柿生产农户的履约行为进行了研究，结果表明，农户的履约率与农户经营规模成正相关，与农户离销售市场距离成反向关系。刘凤芹（2003）认为，农户履约率低的原因是合约的不完全性。孔国荣和吴萍（2005）从法律的角度对农户履约率低的原因进行了解释，主要有订单主体不明确，订单内容不具体、不全面，订单格式不规范，当事人法律意识淡漠等原因。郭红东（2006）研究表明，实行"保底收购、随行就市"的价格条款，对农户有专门投入要求、对有奖励措施条款等对订单的履约率较高。卢昆和马九杰（2010）认为，土地种植面积、农户生产专业化程度、农户参与经历、农产品类型、定价方式和结算条款对农户订单参与行为选择有显著影响。

综上所述,学者们关于企业与农户合作的研究主要集中于企业与农户建立合作的动因、企业与农户的合作类型、农户履约行为的研究。关于绿色食品企业与农户合作的研究比较欠缺。

2.5 文献简评

综观国内外关于生产者食品质量控制行为的研究文献,学者们进行了大量的研究,在理论上和研究方法上取得了丰富的研究成果。总体来看,国外关于生产者食品质量控制行为的研究起步较早,理论研究比较成熟,实证研究视角广阔。国内关于生产者质量控制行为研究相对较少,主要集中于实证研究,研究内容和研究方法较单一。

国外学者从宏观层面对农户行为进行了研究,取得了丰硕的成果。①农户是完全理性"经济人",农户行为是有效率的;②由于受到时间、空间、精力等因素约束,农户是"有限理性人";③农户"非理性"经济行为理论。

国外学者从微观层面对食品企业质量控制行为进行了研究,研究内容包括企业提高食品安全的动机、企业质量安全控制行为、企业食品安全行动的效益等。企业提高食品安全的动机主要有增加企业利润、提高市场占有率和企业声誉、维持消费者的忠诚度,扩大出口国外市场等。企业质量安全控制行为研究主要从企业对食品安全的态度和企业实施质量安全控制的影响因素两个方面开展。其中,企业和食品安全的态度与企业规模的大小、政府管制的力度与惩罚力度相关。食品企业实施质量控制行为的影响因素主要包括企业规模、市场结构、成本收益、外部市场需求、企业对自身品牌声誉的要求、企业对健康安全的意识等。企业食品安全行为效益的研究,提出了企业成本效益的核算公式和方法,并且认为严格的政府监管、新设备、检测投入、记录、档案等会增加企业成本。收益的增加包括微生物污染减少、提高产品质量后带来企业收益的增加。

国内学者关于绿色食品的研究成果主要集中在宏观层面关于绿色食品对食品安全和环境的积极作用、绿色食品产业发展研究,以及微观层面消费者绿色食品消费行为研究。其中,绿色食品产业发展研究和消费者绿色食品消费行为研究是近年来的研究热点。

国内学者认为,绿色食品能够既满足了人们对安全食品的需求,又能够促进我国农业的可持续发展。国内学者关于绿色食品产业发展研究主要观点有:我国绿色食品产业加入成长阶段,处于成长期向成熟期过渡阶段。通过政府政策创新、投融资体制创新等促进绿色食品产业集群。通过优化产品结构,整合资源提高市场集中度、扩大企业规模,实施品牌战略等对策建议优化我国绿色食品产业结构。影响消费者绿色食品消费行为的因素主要有消费者年龄,学历,收入水平,质量安全的关注程度,对绿色食品的了解程度、信任程度等因素。

国内学者关于农户行为的研究以实证研究为主,研究范围主要集中在农户安全农产品生产行为研究、农户质量控制行为及其影响因素研究,以及农户实施质量安全控制行为的经济效益研究。其中,影响农户安全农产品生产行为的因素主要有农户经济目标、农户要素禀赋、安全农产品收入比重等因素。农户质量控制行为的影响因素主要有种植面积、预期收益率、组织化程度、收购方的检测力度、惩罚力度等因素。

国内学者关于企业质量控制行为的研究主要集中在企业实施质量控制的影响因素研究、企业实施安全行动的效益研究和企业实施质量安全认证行为研究。其中,企业实施质量控制的影响因素主要有市场需求、企业成本收益比较、优质优价的市场环境、政府激励行为等。

国内学者关于企业与农户合作关系的研究主要集中在企业与农户建立合作关系的动因研究、企业与农户的合作类型研究以及农户履约行为的研究三个方面。农户与企业的合作能够节约交易费用，企业与农户的合作类型包括松散的合作、契约形式的合作、企业租用农户土地使用权的合作和企业吸收农户入股的合作方式。影响农户履约行为的因素主要包括契约价格的确定、货款支付方式、有无奖励机制等。

3 理论基础与理论分析框架

3.1 行为理论

3.1.1 计划行为理论概述

探寻个人行为的根本性决定因素及其相互关系是社会科学领域众多学者的一个重要的研究目标。心理学家认为，个人行为模式包括三个要素：需要、动机和行为。如图3.1所示，个人需要是行为发生的诱因，个人需要产生行为发生的动机，动机对人产生内部或外部刺激、形成人行为的发生以及行为产生的结果。

图 3.1 人的行为模式示意图

由于考虑了非个人意志完全控制的情形，计划行为理论（Theory of Planned Behavior，TPB）是目前最正确的关于行为内生影响因素的理论模型，正广泛应用于农户行为的研究领域。

1991年Ajzen发表了《计划行为理论》一文，标志着计划行为理论的形成。计划行为理论的基础是多属性态度理论和理性行为理论（Theory of Reasoned Action，TRA）（Fishbein & Ajzen，1975；Ajzen & Fishbein，1980），Ajzen 对其进行了修正和发展，阐述了影响个人行为的主要变量及其相互关系。这些变量包括行为信念（Behavioral Beliefs）、规范信念（Normative Beliefs）和控制信念（Control Beliefs）。TPB 理论认为人的行为受到行为意向的作用，行为意向受到三种因素的共同作用，即行为态度、主观规范和知觉行为控制。

行为信念是指行为的结果以及对这些结果的评价。行为信念形成个体对某种行为的行为态度（Attitude Toward Behavior）。行为态度是个体对特定对象反映出来的持续的喜欢或者不喜欢的心理体验，是个体对执行某种行为的正向或者负向评价。Ajzen & Fishbein（1977）提出特征匹配，即态度与行为越是明确具体，两者之间的相关程度越明显。态度的形成包括个体实行某种行为结果的显著信念和对结果的评价两个方面的内容，即：

$$Ab = \sum_{i=1}^{I} b_i e_i \tag{3.1}$$

式中，Ab 表示执行某种行为的态度，b_i 为行为信念，e_i 为结果评价，i 为显著信念的数量。如果绿色食品企业管理者对食品质量关注度较高，则其实施食品质量控制行为的力度越强。

规范信念是指个体感知到的重要的人对其执行某种行为的期望程度或某个制度对个体执行某种行为的约束程度。规范信念形成个人主观规范（Subject Norm）。主观规范有两层含义：①个体感知到的某些重要的人对个体执行某种行为的期望程度或某种制度对个体某种行为的约束程度；②个体对这些观点或制度的遵从程度。主观规范主要是指影响个体行为意向的社会因素，如法律法规、市场制度、组织制度等。主观规范是规范信念和遵从动机（Motivation to comply）之积，即：

$$SN = \sum_{j=1}^{m} NB_j MC_j \qquad (3.2)$$

式中，SN 表示主观规范，NB_j 为规范信念，MC_j 为遵从动机，j 为规范信念的数量。

控制信念是促进或阻止执行某种行为的因素。控制信念形成知觉行为控制（Perceived Behavioral Control）。知觉行为控制是指个体预期在采取某种行为时自己所感受到可以控制的程度。知觉行为控制受控制信念（Control Beliefs）和促成条件感知（Perceived Facilitation）的影响。其中：控制信念是指促进或者阻碍执行某种行为的因素；促成条件感知是指个体感知到这些因素对行为的影响程度（王建明，2010）。

$$PBC = \sum_{k=1}^{n} CB_k PF_k \qquad (3.3)$$

式中，PBC 表示知觉行为控制，CB_k 表示控制信念，PF_k 表示促成条件感知，k 为控制信念数量。

当个人感觉拥有的资源与机会越多，控制信念越坚定，从而知觉行为控制也就越强。计划行为理论认为，个体的行为态度、主观规范越积极，感知到的行为控制力越强，则执行某种行为的意向越强，而这种意向越强，越可能最终执行某种行为。TPB 理论的作用机理见图 3.2。

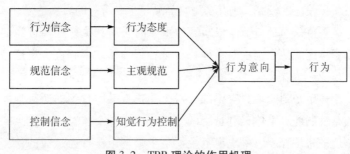

图 3.2　TPB 理论的作用机理

3.1.2 生产者行为理论

新古典厂商理论假定，厂商在既定的投入和技术水平下，总是企图实现产量最大化和成本最小化。企业是生产者的研究单位，生产者是理性经济人，企业行为是追求利润最大化。在企业内部，雇员行为就是使企业实现利润最大化，雇员利益和企业主利益是一致的。经济人行为对环境变化做出充分恰当的反应。新古典厂商理论假定厂商内部是有效率的前提下，集中研究市场配置效率。在该种厂商模型中，厂商是追求利润最大化的，追求利润最大化遵循的原则是"边际收益等于边际成本"（MR=MC），厂商依据此原则决定生产多少、生产什么、如何生产的问题。在该模型中，厂商就像是单一的个人，其行为与厂商规模、组织形式无关。

3.2 激励理论

西方学者麦格金森（Megginson）认为："激励就是引导有各自需要和个性的个人与群体，为实现组织的目标而工作，同时也要达到他们自己的目标。"激励是一个心理学的术语。其基本含义是指通过某些有效刺激或诱导，使他人为实现某一目标而努力奋进，也可以说是调动积极性的过程。

亚伯拉罕·马斯洛（Abraham Maslow）提出了人的需要层次理论，对这些需要从低到高的排序依次为：生理需要、安全需要、社会需要、尊重需要、自我实现的需要。当某层次的需要充分得到满足后，下一层次的需要就上升为主导需要。根据马斯洛的观点，如果想激励某个人，首先明白他目前处于哪个需要层次，然后重点满足他该层或该层以上的需要。赫茨伯格

(Herzberg)对马斯洛的理论进行了拓展,他通过大量调查研究,总结出员工对工作满意的激励因子和员工不满意的保健因子。奥德弗(C. Alderfer)对马斯洛的需求层次进行了发展,他建立的需要类型模型得到实证研究的支持。奥德弗提出了三种核心需要类型:存在需要(Existence)、关系需要(Relatedness)和成长需要(Growth),故称为ERG理论。存在的需要主要关注的是生存的问题。关系需要主要强调人际间和社会的关系。成长的需要是指个体对自身发展的内在渴望。弗洛姆(V. Vroom)提出的期望理论(Expectancy Theory)认为,个体以某种特定方式参与某项工作的努力程度,取决于个体对该行为能给自己带来某种结果的期望程度,以及这种结果对个体的吸引力。也就是说,人之所以愿意从事某项工作并达到组织要求,是因为通过这些工作组织会满足自己的需要,达到自己的目标。Wilson(1969)、Ross(1973)将激励理论使用于解决委托代理关系中存在的信息不对称问题,减少代理人"道德风险"和"逆向选择"问题,使得代理人和委托人的收益达到最大的一致化。后来,随着学者们对激励理论研究的深入,将动态博弈理论引入委托代理关系的研究之中,Kreps & Wilson(1982)、Milgrom & Roberts(1982)等人将竞争、声誉等隐形激励机制引入委托代理关系的研究之中,对降低企业代理成本的提出有效解决思路。食品企业的激励机制包括显性激励和隐性激励。显性激励包括法律法规、生产标准、政府监管等;隐性激励包括市场激励和声誉机制。

3.3 交易费用理论

"交易费用"概念最早由科斯在其论文《企业的性质》中

首次提及。此后，威廉姆森将交易费用从"资产专用性、交易频率和不确定性"三个维度进行分析并度量交易费用，并构建了交易费用经济学，使其成为新制度经济学分支。威廉姆森认为，产生交易费用的原因有两个方面：一是人的因素，二是交易特征决定的。人的原因主要是由于人的有限理性和机会主义倾向特征。交易特征即为资产专用性、交易频率和不确定性。

有限理性是指尽管个体希望以完全理性的方式行动，但由于个体的知识、所处环境、能力和时间等限制，不能实现个体完全理性的行动。因此，个体无法预知未来有可能发生的所有事情，对于个体能预见的突发事件，也不能总是有详细计划，并有效地做出适当的行动。个体只能在自己掌握的信息、知识等有限条件下做出对自己最有利的行动。

机会主义倾向特征是指交易者"狡诈地追求利润的利己主义"以及"信息的不完整或受到歪曲的透露"。在机会主义倾向特征下，交易者存在欺诈威胁对方、背信弃义、钻空子等不正当手段意愿为自己牟利，或者存在利用信息不对称欺骗对方达到榨取更大份额交易租金的意愿。

威廉姆森（1983）指出，资产专用性是指当一项耐久性投资被用于支持某些特定交易时，所投入的资产就具有资产专用性特点。在这种情况下，如果交易过早终止，资产专用性投资形成的沉淀成本将无法收回，给投资方带来损失。威廉姆森认为，"市场交易费用是一条随着资产专用性程度的增加较快上升的曲线"。因此，资产专用性对契约的设计提出了更高的要求，复杂的市场契约形式逐渐替代随意简单的契约。

资产专业性包括四种形式：第一种为物质资本专用性（Physical-asset Specificity），即交易方为完成特定生产专门制作或设计的模具或设施设备形成的投资产生的专用性。第二种为场地专用性（Site Specificity），即交易一方为了节约运输成本在特定的地方建立生产设施如厂房等而产生的专用性。这类资产投资之后要想改作其他用途非常困难。第三种为人力资本专用性（Human-asset Specificity），是指交易者为了交易的顺利进行，必须掌握特定生产技能而专门进行的学习和培训产生的专用性。一旦交易被取消，这种技能或知识将全部或部分地失去意义。第四种为特定资产专用性（Dedicated Assets）。为了维持与特定顾客的生意而进行的投资，一旦该顾客停止购买，生产设备可能会闲置而使得企业生产能力过剩。

交易的不确定性是指交易双方面临的交易行为的不确定和交易环境的不确定。当交易过程中的不确定性很高时，交易双方对未来可能发生的事件无法预计。在这种情况下，必须设计一种交易双方都能接受的契约安排，以便在可能事件发生时保证双方能够平等地谈判，做出新的契约安排，这样会增加交易成本。

交易频率是指同类交易重复发生的次数，交易频率与交易费用正相关。交易治理结构的成本与交易频率有关，经常性发生的交易与一次性交易相比较，治理结构的成本更低。

交易费用的大小会影响农户绿色食品的生产和供给。在"企业+农户"产业模式中，农户与企业之间的交易费用主要是指农户与企业之间从合作起初的谈判、契约的形成、契约的执行整个环节发生的一系列费用。相对于独立从事农产品生产农户而言，"企业+农户"模式降低了农户的交易费用、避免了农户选择销售渠道、讨价还价等发生的一系列费用。"企业+农户"模式使农户交易对象固定，交易的不确定性降低，降低了农户交易费用。

3.4 绿色食品生产者质量控制行为理论分析框架

本研究将绿色食品生产者"企业+农户"模式质量控制行为的发生机理进行研究。在借鉴已有研究文献和理论的基础上,关于绿色食品"企业+农户"质量控制行为,包括的主要研究内容为:①与绿色食品企业签约农户质量控制行为的现状特征以及影响农户绿色食品质量控制行为;②绿色食品企业的质量控制行为特征以及影响绿色食品企业质量控制行为;③绿色食品企业与农户的合作行为。其中,计划行为理论和农户行为理论是分析绿色食品农户质量控制行为分析的理论基础。激励理论是分析绿色食品企业质量控制行为的理论基础。委托代理理论和交易费用理论是分析企业与农户合作行为的理论基础。本研究理论分析框架见图3.3。

图 3.3 绿色食品生产者"企业+农户"模式质量控制行为理论分析框架

4 绿色食品生产农户质量控制行为分析

农户是绿色食品生产链上最前端的生产者,农户的生产行为直接决定食品质量是否达到绿色食品标准。农户对绿色食品的质量控制行为特征问题,哪些因素影响农户绿色食品质量控制行为?哪些因素对农户绿色食品的质量控制行为有积极影响?本部分在对农户生产进行实地走访座谈和问卷调查的基础上,运用计划行为理论,对农户绿色食品质量控制行为进行实证分析。由于绿色食品种类的多样性,以及不同种类绿色食品原材料的标准不同,为了便于后面的相关分析与比较,选取农户的原则首先确定为生产同一类型农产品的农户。四川是全国蔬菜产业基地,蔬菜产业为四川特色优势产业。2013 年蔬菜播种面积和产量分别为 127.6 万公顷和 3910.7 万吨,为全国第五位。因此,本部分将绿色蔬菜企业签约农户作为研究对象,即为绿色蔬菜生产、加工企业提供蔬菜的农户。绿色蔬菜是指遵循可持续发展原则,按照特定生产方式生产、经专门机构认定、许可使用绿色蔬菜标志的无污染的安全、优质、营养类产品。

4.1 绿色食品生产农户质量控制行为理论分析

4.1.1 绿色食品生产农户质量控制行为影响因素分析框架

周洁红（2006）运用计划行为理论，分析影响蔬菜农户质量控制行为的因素作用大小依次为：菜农关于化肥和农药对自然环境影响的认知、蔬菜种植面积、菜农家庭收入结构、菜农的道德责任感、菜农接受培训和学习的情况、菜农加入产业化组织的情况、国家相关政策法规影响、社会舆论压力、期望内在报酬、获得认证情况、同行的影响、期望外在收益。赵建欣和张忠根（2007）运用计划行为理论，表明影响农户安全农产品供给行为的决定因素是：预期收益、风险因素、制度环境、社会舆论和农户禀赋。

本研究运用计划行为理论分析绿色蔬菜农户质量控制行为决策过程，结合农户的实际情况，以及参考农户行为研究的文献，构建绿色蔬菜农户质量控制行为决策分析框架，见图4.1。该框架显示了绿色蔬菜农户实施质量控制行为决策的形成过程：预期收益和农户安全认知形成农户对绿色蔬菜的态度，农户质量控制和企业质量监管形成农户对绿色蔬菜的主观规范，合作评价和生产成本形成农户对绿色蔬菜的知觉行为控制，农户个人特征和农户家庭特征形成农户自身因素。农户对绿色蔬菜的态度，农户对绿色蔬菜的主观规范，农户对绿色蔬菜的知觉行为控制，农户自身因素共同影响农户对绿色蔬菜质量控制行为的决策。

4.1.1.1 农户对质量控制的态度

根据Ajzen（1991）对行为态度内涵的界定，农户对质量控

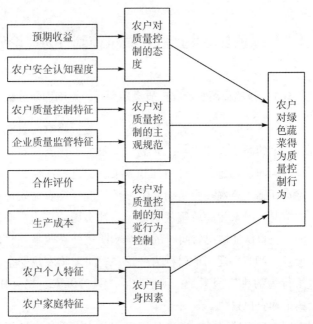

图 4.1 基于计划行为理论的农户绿色蔬菜质量控制行为分析框架

制的行为态度是指农户对质量控制的正向或者负向评价。从已有的相关文献看，农户作为农业生产体系最基本的经营单位。舒尔茨认为（1987）在资源配置上，农户服从效率优化导向原则。孔祥智（1999）的研究表明，农户的经济行为目标是多重的，侧重于实现农产品的价值增值，即利润的最大化；而市场化程度越高，农户追求利润最大化的动机就越强。卫龙宝（2005）通过对浙江省嘉兴市茭白与桃子两种无公害农产品的农户行为调查发现：生产的市场导向促使农民对产品质量关注更多，调查中，农民普遍认识到质量对收益的重要性。83%的农户知道什么是安全食品，81.6%的人表示要坚持按安全产品标准生产，并由自己承担成本，这说明农民已经培养其必要的安全意识。张忠明（2008）提出就其经济学特征而言，这个组织同其他组织并没有多少差异，追逐经济利润是其发展的重要目标。白卫东（2009）通过对广东10余个村、100多户农户的调查，显示有69%的农村消费者关注食品安全。本研究采用农户"预期收益"和"农户安全认知程度"来反映农户对质量控制的态度。具体影响变量选择及说明如下：

(1) 预期收益

绿色蔬菜预期收益是影响农户对质量控制态度最关键的因素。绿色蔬菜预期收益越高，农户对质量控制的态度越积极，预期收益越低，农户实施质量控制的积极性降低。收益是价格和产量的函数。根据蛛网理论，农户根据上期价格来决定本期的产量（自然灾害除外）。在"企业+农户"模式中，农户的预期收益主要取决于上期企业收购价格的高低。如果上期企业对绿色蔬菜收购价格明显高于普通蔬菜市场价格，农户预期收益上升，农户对蔬菜质量控制产生积极的态度。因此，企业对绿色蔬菜的收购价格对农户质量控制的态度有影响作用，选择"绿色蔬菜收购价格"为影响预期收益的变量 X_1。同时，农户种植绿色蔬菜后经济收益的变化对农户质量控制的态度有影响作用，绿色蔬菜生产成本高于普通蔬菜，收购价格的提高不一定代表农户收益的增加，只有农户种植绿色蔬菜收益得到实实在在的提高，农户对质量控制的态度才会更加积极。因此，选择"收益变化"为影响预期收益的变量 X_2。

(2) 农户安全认知程度

农户安全认知程度对质量控制的态度有影响作用。农户安全认知程度可以用"是否关心食品安全"、"是否关心环境"、"是否认知绿色食品标识"来衡量。农户食品安全意识越强，在生产过程中就越重视农产品质量，其对质量控制的态度越积极。绿色食品的生产过程本身就是环境友好、实现资源环境、经济和社会协调发展的过程。农户对生态环境关注程度越高,其对质量控制态度越积极。是否能正确认知绿色食品标识反映了农户对绿色食品的了解程度,进而影响农户对质量控制的态度。因此,选择"是否关心食品安全"、"是否关心环境"、"是否认知绿色食品标识"分别为影响农户安全认知程度的变量 X_3、变量 X_4 和变量 X_5。

4.1.1.2 农户对质量控制的主观规范

根据 Ajzen(1991)对主观规范的理解,农户对质量控制的主观规范是指绿色食品企业对农户质量控制的要求,以及农户生产中对绿色蔬菜标准的遵从程度。具体来看,绿色食品企业对绿色蔬菜系列标准的要求以及对农户生产过程的监管能够促进农户实施蔬菜质量控制,农户对绿色蔬菜标准遵从程度越高,越有利于农户实施蔬菜质量控制。周洁红(2006)、张利国(2008)、刘瑞峰等(2009)认为,是否接受农业生产技术指导影响农户在生产中是否发生道德风险行为。张利国(2008)认为,农户是否了解有机食品标准影响农户有机食品生产中的道德风险行为。陈雨生等(2009)认为,监管机制的完善提高了农户有机蔬菜的生产积极性。王志刚(2011)研究表明,常做生产记录的农户对自己农作物农药使用的数量和使用频率都比较了解,与不做生产记录的农户相比,更能方便、有效地控制农药使用量。代云云和徐翔(2011)研究表明,收购方的检测力度对农户蔬菜质量安全控制行为有显著影响。本研究采用"农户质量控制特征"和"企业质量监管特征"来体现农户的主观规范。具体影响变量选择如下:

(1)农户质量控制特征

绿色蔬菜的种植过程对农药和化肥的施加量与施加频率有严格规定。农户对绿色食品生产标准掌握得越透彻,越有利于农户按照标准进行生产,从而对农药的施加量和施加频率越规范。农药使用的道德风险行为主要表现在生产过程中是否使用了禁用农药，是否增加了农药的使用次数。农户只要发生使用禁用农药，增加农药的使用次数行为则视为发生了农药使用的道德风险。农户对生产过程记录的详细程度与记录的自觉性，能够反映农户蔬菜生产质量控制力度。因此，选择"绿色蔬菜生产标准掌握程度"、"农药使用的道德风险行为"、"有无生产记录"分别为影响农户质量控制特征的变量 X_6、变量 X_7 和变量 X_8。

（2）企业质量监管特征

企业质量监管力度对农户质量控制有重要的影响作用。加强企业监管力度，能促进农户实施质量控制。企业质量监管特征采用企业对农户是否提供绿色蔬菜生产标准技术培训，是否对农户实施生产过程监管、企业是否实施产品质量检测等变量来表示。因此，本研究采用"有无技术培训"、"有无生产过程监管"、"有无产品质量检测"分别为影响企业质量监管特征的变量 X_9、变量 X_{10} 和变量 X_{11}。

4.1.1.3 农户对质量控制的知觉行为控制

根据 Ajzen（1991）对知觉行为控制内涵的界定，农户对质量控制的知觉行为控制是指农户预期在实施质量控制时自己所感受到可以控制的程度，包括内在控制因素和外在控制因素。陈雨生（2009）认为，加强企业与农户合作能够促进农户有机蔬菜的生产积极性。宋启道等（2010）认为，农户与农业企业的合作影响农户安全农产品的供给。王慧敏和乔娟（2011）研究认为，产业化组织的带动对农户参与食品质量安全可追溯行为有积极作用。本研究采用"合作评价"和"生产成本"来反映农户对质量控制的知觉行为规范。

（1）合作评价

农户的合作评价是影响农户是否继续合作，是否继续生产绿色蔬菜的重要因素。农户合作的评价与农户合作意愿呈正向相关关系。农户在企业的指导下实施蔬菜质量控制，是农户对质量控制感受到的外在控制因素。因此，本研究选择"合作是否愉快"、"是否愿意继续合作"作为影响合作评价的变量 X_{12} 和变量 X_{13}。

（2）生产成本

绿色蔬菜的生产成本是农户在实施质量控制时感受到的内在控制因素。由于绿色蔬菜生产成本高于普通蔬菜，企业契约收购价格应该足够高，从而保证农户可以获得高于普通蔬菜的收益。在这种情况下，农户会加强对蔬菜质量控制程度。农户的收益与绿色蔬菜生产成本相关。如果绿色蔬菜生产成本上涨过快，农户获得的利润降低可能会导致农户减少对绿色蔬菜的质量控制。因此，本研究选择"绿色蔬菜生产成本与普通蔬菜比较"作为反映生产成本的变量 X_{14}。

4.1.1.4 农户自身因素

周洁红（2006）认为，农户家庭收入结构对农户蔬菜质量控制行为有影响作用。赵建欣和张忠根（2009）认为，农户安全蔬菜供给受到农户年龄和家庭劳动力数量的直接影响。农户的行为与农户自身因素密切相关，农户自身因素影响农户的质量控制行为。本研究采用"农户个人特征"和"农户家庭特征"反映农户自身因素。

（1）农户个人特征

农户个人特征，如农户的性别、年龄、受教育年限都对质量控制行为决策产生影响。如文化素质高的农户接受新技术的能力增强，更加关注环境保护和食品安全。本研究选择"性别""年龄"和"受教育年限"分别作为反映农户个人特征的变量 X_{15}、变量 X_{16} 和变量 X_{17}。

（2）农户家庭特征

农户家庭特征影响农户质量控制行为决策。农户家庭特征包括劳动力数量、家庭收入、绿色蔬菜收入在家庭收入比重、种植年数以及风险偏好。农户家庭所拥有的资源中如果劳动力数量短缺，劳动密集型绿色蔬菜生产将遇到障碍，家庭资金紧张将影响新的绿色蔬菜生产技术的采用，比如生物源农药的高价格将把缺乏资金的农户排除在外。绿色蔬菜的生产风险既包括自然风险又包括企业违约风险，绿色蔬菜生产投入远高于普通蔬菜，因此农户家庭风险偏好对农户质量控制行为有影响。本研究选择"家庭人口""劳动力人口""蔬菜种植年数""绿色蔬菜收入比重""风险偏好"分别来反映农户家庭特征的变量 X_{18}、变量 X_{19}、变量 X_{20}、变量 X_{21} 和变量 X_{22}。

4.1.2 研究假说

根据以上分析框架，提出以下假说：

假说 4.1，预期收益对农户质量控制行为有影响。

假说 4.2，农户安全认知程度对农户质量控制行为有影响。

假说 4.3，农户质量控制特征对农户质量控制行为有影响。

假说 4.4，企业质量监管特征对农户质量控制行为有影响。

假说 4.5，合作评价对农户质量控制行为有影响。

假说 4.6，生产成本对农户质量控制行为有影响。

假说 4.7，农户个人特征对农户质量控制行为有影响。

假说 4.8，家庭特征对农户质量控制行为有影响。

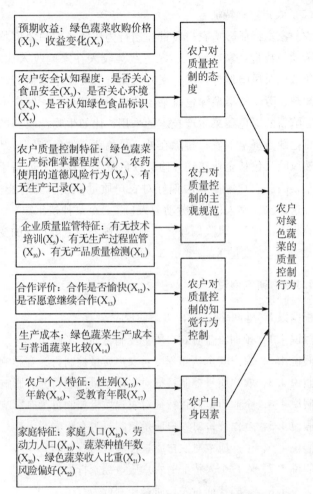

图 4.2 农户绿色蔬菜质量控制行为影响因素分析框架

4.2 方案设计与组织实施

4.2.1 样本选择

本研究于2012年7月进行样本选取,本次调查是为了研究为绿色食品企业提供绿色蔬菜农户的质量控制行为,因此,样本的选择首先是与绿色食品企业签约的农户;其次依据便利性与随机抽样相结合的方法,在笔者做绿色食品企业调查的地点,随机选取为该企业提供绿色蔬菜的农户。在四川省范围内,为绿色食品企业提供绿色蔬菜的农户主要分布在遂宁市船山区、安居区,资阳市雁江区、简阳市,眉山市东坡区,成都市郫县和双流县,见表4.1。因此,本研究对农户的选择地点就集中在以上7个区(县)。

表4.1　　　　调查地点及有效问卷量

选择城市	抽样县(区)	发放问卷量(份)
成都	郫县	150
成都	双流县	100
遂宁	船山区	60
遂宁	安居区	100
资阳	雁江区	100
资阳	简阳市	50
眉山	东坡区	40
合计		600

本次研究共发放问卷600份,调查收回问卷568份,回收率

为94.7%，剔除56份问题回答不全以及答案有明显错误问卷。因此，获得有效问卷512份，有效率为85.3%，见表4.2。

表4.2　　　　　　　　问卷回收情况表

问卷类别	问卷份数（份）	比率（%）
实际发放问卷	600	100
实际回收问卷	568	94.70
有效问卷	512	85.30
无效问卷	56	9.30
有效/实际回收问卷	512/568	90.10
无效/实际回收问卷	56/568	9.90

4.2.2　问卷设计

本研究调查问卷的设计基于计划行为理论，围绕着影响农户绿色蔬菜质量控制行为分析框架而展开，主要在文献研究、充分借鉴前人研究方法的基础上，结合本研究的实际，针对模型中的各项假说设计问卷。同时，在正式调查前，在郫县进行了预调查，检验问卷的合理性和可行性，并咨询相关专家的意见，对问卷存在的不足和问题进行了修改。正式调查问卷的内容主要包括农户个人特征、农户家庭特征、农户质量管理特征、企业监管特征、农户预期收益、农户安全意识、农户合作评价七个方面40余个问题。分别了解和把握可能影响农户实施质量控制行为的个体特征因素与社会环境因素。

4.2.3　调查方法

本次调查采取调查人员入户调查，或者在田间地头与农民一对一直接访谈的形式。为了最大限度保证调查问卷填写的真实性和有效性，调查方式采用调查员询问，然后由调查人员按照农民回答填写答案。调查时间为2012年7~9月。调查人员为四川农业大学经济管理学院2010级农业经济管理专业研究生和成都信息工程学院商学院国际经济与贸易专业2010级部分本科生。

4.3 样本农户质量控制行为描述性统计分析

4.3.1 农户个人特征

如表4.3所示，所调研样本农户中男性和女性比例相近。从样本农户年龄结构看，农户年龄均值为52.99岁，标准差为11.01。50岁以上农户的比例达到62.7%，39岁以下农户比例仅为12.4%。调研中实际情况为，年轻的农村劳动力主要选择外出打工，打工地点多为大城市或临近城镇，从事农业劳动的主要为年龄较大的农户。主要原因是从事农业生产风险大，收入增长缓慢，非农就业收入远高于农业收入。从调研样本农户的受教育程度来看，小学及以下的农户比例最高，高中以上学历的比例偏低，仅为12.3%，这与调研样本中年龄较大农户的比例多相关联。调研样本中仅有小部分受教育程度较高的农户，其中9人为大专学历，他们通过承包100亩以上土地发展绿色蔬菜规模种植，主要分布在成都市郫县和遂宁市安居区，国家的惠农政策和农村广阔的发展空间是吸引他们去农村创业的主要原因。

表 4.3　　　　　　　　农户个人特征描述

农户个人特征变量	内容	样本数（份）	百分比（%）
性别	男	222	43.40
	女	290	50.60
年龄	30 岁以下	10	1.90
	30~39 岁	54	10.50
	40~49 岁	127	24.70
	50~59 岁	178	34.80
	60 岁以上	143	27.90
受教育年限	6 年及以下	233	45.50
	7~9 年	216	42.20
	10~12 年	54	10.50
	13 年以上	9	1.80

4.3.2 农户家庭特征

从被调查农户家庭特征来看，如表 4.4 所示，样本农户家庭平均规模为 4.06 人，标准差为 1.25。其中：农户家庭人口 3 人以下的有 186 人、占 36.3%，4~5 人家庭农户的比例最高为 47.9%，6 人以上家庭为 81 户、占 15.8%。说明所调查样本农户以 4~5 人家庭规模为主，这种家庭规模多数为三代人共同生活；同时可以看出，农户家庭规模正在逐渐小型化。

从劳动力数量来看，样本农户家庭平均劳动人数为 2.43 人，标准差为 0.87。其中，家庭劳动力以 2 人为主，占到 54.9%，5 人劳动力的家庭数量比例最小，仅为 2.5%，家庭仅有 1 人劳动力的家庭数量也较少，占到 8.4%。从调研中发现，多数为夫妻两人为共同劳动力，年幼子女正在读书，或者已经成年的子女以外出打工、从事非农行业为主。所调查的成都市郫县和双流县，从事绿色食品蔬菜生产的家庭承包几十亩甚至上百亩土地的现象较为普遍，除了夫妻共同参与生产经营以外，在劳动力市场上雇用劳动力进行生产。遂宁市和简阳市，一般从事绿色蔬菜生产的农户种植面积不太大，收获季节请亲朋好友帮忙的现象比较普遍。家庭仅有1人劳动力的家庭多为夫妻一方生病、病故等情况，家庭拥有5人以上劳动力的为一家两代甚至三代人均在参与绿色食品蔬菜种植，这种情况随着农户家庭规模的小型化而较少。

从家庭收入水平来看，67%的农户家庭收入在18 000元以上。从调研中可以看出，种植绿色食品蔬菜的农户家庭收入水平明显高于周边种植普通蔬菜的农户，大部分农户尤其是年龄较大的农户对收入水平比较满意，农民的生产积极性较高。总体而言，成都郫县和双流县的农户收入水平最高。

从蔬菜种植年数来看，样本农户蔬菜种植平均年数为11.64年，标准差为5.7。其中46.68%的农户家庭种植蔬菜年数超过11年，种植时间在5年以上的农户家庭仅为79.69%。由此可见，被调查农户以蔬菜种植为主，大部分农户蔬菜种植时间较长，蔬菜种植经验丰富。

从农户家庭收入比重来看，样本农户蔬菜种植收入比重平均为53%，标准差为0.157。其中，47%的农户蔬菜收入比重超过50%，大部分农户以蔬菜种植为家庭主要收入来源。从农户风险偏好来看，89.4%的农户风险偏好较弱，仅有1.2%的农户风险偏好较强。这符合我国农村的实际情况，农民抗风险能力弱。

表 4.4 农户家庭特征描述

农户家庭特征变量	内容	样本数（份）	百分比（%）
家庭人口（人）	<3	186	36.30
	4~5	245	47.90
	>=6	81	15.80
劳动力人口（人）	1	43	8.40
	2	281	54.90
	3~4	175	34.20
	>=5	13	2.50
家庭年收入水平（元）	10 000 以下	32	6.30
	10 001~18 000	137	26.70
	18 001~25 000	180	35.20
	25 001~35 000	139	27.10
	35 001 以上	24	4.70
蔬菜种植年数（年）	<5	104	20.31
	6~10	134	26.17
	11~15	158	30.86
	16~20	81	15.82
	>=21	35	6.840
蔬菜收入比重（%）	<30	80	15.63
	31~50	191	37.65
	51~70	203	39.65
	>=71	38	7.42

表4.4(续)

农户家庭 特征变量	内容	样本数 (份)	百分比 (%)
风险偏好	风险偏好弱	458	89.40
	风险偏好适中	48	9.40
	风险偏好强	6	1.20

4.3.3 农户质量控制行为

农户质量控制行为从农户对绿色蔬菜生产标准掌握程度、农户农药使用的道德风险行为、有无生产记录三个方面进行了调研。如表4.5所示，农户对绿色蔬菜生产标准掌握程度比较了解和很了解的农户仅占37.5%。在实际调研中，农户虽然不能准确阐述蔬菜绿色食品标准，但是通过企业的培训和技术指导，农户对蔬菜种植过程何时施加农药、化肥，应该施加哪些农药、化肥以及施加量的多少具有较高的认知程度，几乎每一个农民都能正确阐述，农户对生产标准了解程度高于所调研结果。

表4.5　　农户质量控制特征变量描述

农户质量 控制特征	内容	样本数 (份)	比例 (%)
绿色蔬菜 生产标准 掌握程度	不了解	46	8.98
	了解很少	274	53.52
	了解一些	123	24.02
	很了解	69	13.48

表4.5(续)

农户质量控制特征	内容	样本数（份）	比例（%）
有无生产记录	有	137	26.70
	无	375	73.30

农户在种植过程中是否有生产记录与所签约企业的要求有关。企业如果要求有生产记录，农户则进行了详细记录；否则，没有生产记录。在调研中，个别企业建立了农产品可追溯体系，则要求农户有详细的生产记录。

从农户绿色蔬菜生产过程农药使用情况的问卷回答中看到（见表4.6），被调查农户均未使用禁用农药，有78个农民有过增加农药使用次数的行为，占样本总数的15.23%。

表4.6　　　　　农户使用农药情况统计表

农药使用情况	是否使用禁用农药		是否增加农药使用次数	
	是	否	是	否
农户数量（人）	0	512	78	434
农户比例（%）	0	100	15.23	84.77

4.3.4　农户对绿色食品预期收益

预期收益是影响个体行为决策的重要因素之一。农户对种植绿色蔬菜的预期收益是农户是否进行生产的决定因素。农户预期收益的高低取决于几个因素：一是签约企业对蔬菜的收购价格；二是农户的生产成本；三是农户的生产风险。农户对种植绿色蔬菜收入变化的回答中，21.1%的农户认为收入减少，38.3%的农户认为收入没有变化，32.5%的农户认为收入增长了

30%以内，8.1%的农户认为收入增长幅度在30%以上。收入减少的主要原因是种植绿色蔬菜生产成本上升，以及突发的自然风险。收入不变的农户认为虽然签约企业收购价格高于普通蔬菜市场价格，但是种植绿色蔬菜生产成本上升，相应收入变化不大。

从绿色蔬菜收购价格看，14.26%的农户认为签约企业收购价格低于同期普通蔬菜市场价格，25.39%的农户认为与同期普通蔬菜价格持平，60.35%的农户认为收购价格高于普通蔬菜市场价格。在与企业座谈中，企业收购价格与上一期市场价格以及市场的需求和供给等因素相关。

调研中关于种植绿色蔬菜的成本变化，仅有3.52%的农户选择了成本不变，其余96.48%的农户认为成本上升。其中，成本上升的主要原因为：劳动时间投入增加，绿色蔬菜种植过程中农药、化肥投入费用高于普通农药和化肥。

农户生产过程中面临的风险主要有自然风险。由于不可抗拒的旱灾、洪灾、冰冻等自然灾害对蔬菜的收成产生的影响，自然灾害是农户种植绿色蔬菜和普通蔬菜都要面临的风险。"企业+农户"模式降低了绿色蔬菜农户的销售风险。

4.3.5 农户安全认知特征

农户对食品质量安全和良好环境的认知程度对农户生产决策行为有影响作用。农户对食品质量安全关注程度越高，道德约束力越强，生产行为越规范。调查中，农户对食品质量安全比较关心（见表4.7）。这说明随着农民收入水平的不断提高，农民对健康、安全食品的需求增强。农户对食品质量安全的关注程度强于环境保护，有66个农户选择不关注环境。其原因主要是，由于所调研的农村山清水秀，生态环境良好，农户对环境在蔬菜生产中的作用认识不全面。虽然所调查的农户均为绿色食品蔬菜生产者，但是 59.7%的农户不能正确选择绿色食品标识。在访谈中，他们认为按照企业要求播种、施加农药和化肥，为企业提供合格蔬菜是他们的主要任务，而贴绿色食品标签是企业的事情，这说明农民的绿色食品标识意识不强。

表 4.7　　　　　　农户安全认知特征描述

农户安全 认知特征变量	内容	样本数 （份）	百分比 （%）
是否关心食品 质量安全	不关心	17	3.30
	比较关心	428	85.60
	很关心	57	11.10
是否关心环境	不关心	66	12.90
	比较关心	357	69.70
	很关心	89	17.40
环境对蔬菜 质量影响的认知	不影响	132	25.80
	有较少影响	291	56.90
	有很大影响	89	17.30
是否认知 绿色食品标识	是	206	40.30
	否	306	59.70

4.3.6　企业对农户质量监管

"企业+农户"模式中，企业对农户的监管主要从企业对农户有无技术培训、企业对农户生产过程中有无监督、企业对产品有无抽检三个方面表示。从调研的结果看（见表 4.8），只有 14%的农户认为企业没有实行技术培训，59%的农户认为企业实行了生产过程监管，87%的农户认为企业在收购农产品时要进行产品质量检测。调研中的实际情况为，企业对农户实行的技术培训主要是通过集中讲授、口头传达的方式,多数农户表示自己有多年种植蔬菜的经验,主要生产技术早已经掌握,对企业技术培训的需求并不十分迫切。企业对农户生产过程监管主要表现为:在蔬菜生长期对农药的使用和施加量的监控与蔬菜采摘前对农药残留的检测。企业在收购绿色蔬菜时均要进行产品质量检测,采用抽样检查的方式,一旦发现没有达到绿色食品标准的蔬菜,拒绝收购该农户种植的所有蔬菜。

表4.8　　　　　　　企业监管特征描述

企业监管 特征变量	内容	样本数 (份)	百分比 (%)
企业是否 提供技术培训	是	482	94.14
	否	30	5.86
企业是否 实行生产过程监管	是	383	74.80
	否	129	25.20
企业收购前是否 对蔬菜进行检测	是	445	86.91
	否	67	13.09

4.3.7　农户合作评价

农户对与签约企业的合作评价是影响合作是否继续进行的影响因素之一。如果农户对合作评价较高,农户在下一期的生产中将会选择与企业继续合作,即继续从事绿色食品蔬菜的种植;反之,则退出与企业的合作,选择新的合作企业或者从事其他的生产活动。

从调研结果看(见表4.9),96.3%的农户表示与企业的合作很愉快,94.6%的农户愿意与企业继续合作。由此可以看出,农户对与企业的合作评价很高。在调研中,农户认为与企业合作降低了价格波动的风险，蔬菜的销售量有了保障，农户只负责生产。因此，农户的收入相对比较稳定，大多数农户愿意与企业继续合作。少数选择不愿意和企业继续合作的农户有其他方面的原因，比如家庭劳动力的变化等原因。

表 4.9 　　　　　　　农户合作评价表

变量	内容	样本数（份）	百分比（%）
合作是否愉快	不愉快	7	1.40
	偶尔有不愉快	12	2.30
	愉快	493	96.30
是否愿意继续合作	不愿意继续合作	28	5.40
	愿意继续合作	484	94.60

4.4 绿色食品生产农户质量控制行为对农户经济效益影响分析

4.4.1 农户质量控制行为的成本变化分析

绿色蔬菜农户质量控制行为的成本变化主要包括物质资料投入、劳动投入和交易费用三个方面。

（1）物质资料投入。物质资料是指农户投入种子、农膜塑料大棚、工具材料、农家肥、化肥、农药、机械作业、水电等发生的费用。其中：化肥必须使用农家肥、有机肥或微生物肥而增加的肥料费用；农药必须使用生物源农药、矿物源农药、有机合成农药发生的农药费用。调研结果显示，"企业+农户"绿色食品生产模式中，肥料、农药和种子由企业向农户统一提供，费用由企业和农户分担，农户承担费用的30%~50%。农膜塑料大棚、工具材料、水电等费用由农户承担，费用为农户年收益的10%~20%。

（2）劳动投入。绿色蔬菜对生产过程要求非常规范，生产过程的标准化和精细化使得农户的劳动投入增多，农户劳动时间比普通蔬菜多30%。

（3）交易费用。农户与企业签订合同后，农户仅负责蔬菜生产，蔬菜的销售问题由企业来安排，节省了农户自己销售蔬菜发生的交易费用。调查数据表明，有95.5%的农户认为种植绿色蔬菜降低了交易费用。

4.4.2 农户质量控制行为的收益变化分析

农户收益的变化主要表现为产品销售价格和奖励两方面。①产品销售价格。绿色蔬菜由于投入成本高于普通蔬菜，产品质量优于普通蔬菜，因此，企业的收购价格一般高于同期普通蔬菜市场价格。从实际调研结果看，企业收购价格较普通蔬菜平均提高18%。并且，对于质量合格的蔬菜农户不再承担销售环节的费用，企业负责销售相当于增加了农户的实际收入。②奖励。主要包括企业的二次返利、企业奖励以及政府对农户的奖励等形式。有些企业对于订单完成较好的农户实行二次返利或者奖励，有些乡级政府对参与绿色蔬菜生产的农户给予奖励。奖励对于增强农户的生产积极性有正向激励作用。

4.5 绿色食品生产农户质量控制行为影响因素实证分析

基于前面的分析框架的描述，将农户绿色蔬菜质量控制行为的发生设定为八类变量的函数，即农户的预期收益变量、农户安全认知程度变量、农户质量控制特征变量、企业监管特征变量、农户合作评价变量、生产成本变量、农户个人特征变量、农户家庭特征变量。本研究采用因子分析法分析影响农户质量控制行为的主要因素。

4.5.1 因子分析

4.5.1.1 统计检验

在做因子分析之前，首先要对原有变量进行相关程度检验，从表4.12中对22个原始变量之间相关系数矩阵可以看出，许多变量之间的直接相关关系比较强，存在信息上的重叠。为了更进一步确定原始变量是否适合做因子分析，本研究采用KMO测度和Bartlett球体检验。运用SPSS19.0软件进行分析，KMO检验值和Bartlett球体检验值如表4.10所示。

表4.10　　　　　KMO检验和Bartlett检验

取样足够度的Kaiser-Meyer-Olkin度量		0.745
Bartlett的球体检验	近似卡方	2003.897
	df（自由度）	231
	Sig.（显著性）	.000

KMO检验值为0.745，根据Kaiser给出的常用KOM度量标准，0.7以上表示比较适合做因子。通过了显著性检验，说明可以做因子分析。同时，Bartlett球体检验值为2003.897，显著性水平为0.000<0.025，说明原始数据之间有相关性，表明原始数据变量适宜做因子分析。

4.5.1.2 因子的确定

表 4.11　　　　　　　解释的总方差

成分	初始特征值			提取平方和载入			旋转平方和载入		
	合计	方差的 %	累积 %	合计	方差的 %	累积 %	合计	方差的 %	累积 %
1	3.223	14.650	14.650	3.223	14.650	14.650	2.765	12.570	12.570
2	1.722	7.826	22.476	1.722	7.826	22.476	1.821	8.276	20.846
3	1.702	7.737	30.212	1.702	7.737	30.212	1.783	8.105	28.951
4	1.332	6.053	36.265	1.332	6.053	36.265	1.293	5.878	34.828
5	1.291	5.867	42.132	1.291	5.867	42.132	1.278	5.808	40.637
6	1.170	5.317	47.449	1.170	5.317	47.449	1.249	5.678	46.315
7	1.077	4.894	52.343	1.077	4.894	52.343	1.187	5.398	51.712
8	1.016	4.619	56.962	1.016	4.619	56.962	1.155	5.249	56.962
9	.994	4.517	61.479						
10	.964	4.382	65.860						
11	.915	4.161	70.021						
12	.893	4.058	74.079						
13	.859	3.903	77.982						
14	.795	3.614	81.596						
15	.756	3.436	85.032						
16	.716	3.253	88.285						
17	.689	3.133	91.418						
18	.635	2.888	94.306						
19	.545	2.479	96.785						
20	.254	1.155	97.940						
21	.245	1.114	99.055						
22	.208	.945	100.000						

提取方法：主成分分析。

表 4.12　　　　　　　旋转成分矩阵

变量	因子							
	1	2	3	4	5	6	7	8
绿色蔬菜收购价格（X_1）	-0.149	-0.028	-0.104	0.356	-0.163	-0.550	0.320	0.013
收益变化（X_2）	0.231	0.042	0.137	0.075	0.109	0.598	0.156	0.034

表4.12(续)

变量	因子							
	1	2	3	4	5	6	7	8
是否关心食品安全 (X_3)	0.640	-0.017	-0.051	0.066	-0.050	0.016	-0.004	0.062
是否关心环境 (X_4)	0.085	-0.089	-0.190	0.337	0.465	0.220	0.570	0.543
是否认知绿色食品标识 (X_5)	0.027	-0.078	-0.019	0.257	0.105	0.414	-0.434	-0.660
绿色蔬菜生产标准掌握程度 (X_6)	0.295	-0.012	-0.044	-0.021	0.489	-0.372	0.140	-0.605
农药使用中的道德风险行为 (X_7)	0.021	0.012	0.024	-0.023	-0.025	0.049	-0.046	0.859
有无生产记录 (X_8)	0.139	-0.140	0.063	0.269	0.250	-0.020	0.141	-0.584
有无技术培训 (X_9)	0.141	-0.016	0.098	0.574	0.106	-0.328	-0.017	0.004
有无生产过程监管 (X_{10})	0.109	-0.100	-0.038	-0.505	0.150	0.044	0.151	-0.153
有无产品质量检测 (X_{11})	-0.072	-0.057	-0.007	-0.610	0.016	0.004	0.077	0.040
合作是否愉快 (X_{12})	-0.056	0.930	-0.031	0.027	-0.020	0.030	-0.014	-0.003
是否愿意继续合作 (X_{13})	-0.103	0.924	0.056	0.047	0.007	0.002	0.042	0.018
绿色蔬菜生产成本与普通蔬菜比较 (X_{14})	-0.074	0.049	0.059	-0.243	0.728	0.003	-0.202	-0.025
性别 (X_{15})	0.010	0.016	-0.001	-0.090	-0.003	0.175	0.794	-0.076
年龄 (X_{16})	-0.790	0.169	0.054	-0.078	-0.317	0.032	0.523	0.166
受教育年限 (X_{17})	0.748	-0.091	-0.199	0.001	0.069	-0.098	-0.006	-0.022
家庭人口 (X_{18})	-0.095	-0.027	0.911	-0.010	0.012	-0.054	0.011	0.050
劳动力人口 (X_{19})	-0.128	0.048	0.904	0.024	-0.049	0.068	-0.039	-0.030
蔬菜种植年数 (X_{20})	-0.512	-0.096	-0.020	0.076	-0.011	-0.168	0.191	0.282
蔬菜收入比重 (X_{21})	-0.383	-0.012	0.004	0.120	0.182	-0.634	0.283	0.352
风险偏好 (X_{22})	0.716	-0.041	0.001	-0.036	-0.015	0.006	0.066	0.090

从表 4.10 和表 4.11 可以看出，共提取出 8 个因子。按照旋转载荷绝对值大于 0.5 的标准，并选取的题项载荷在各因子中最大来提取因子。第一个因子中，"农户受教育年限""风险偏好""年龄""是否关心食品安全"和"蔬菜种植年数"有较高载荷，与农户个人特征相关，称 F_1 为农户个人特征因子。第二个因子中，"合作是否愉快"与"是否愿意继续合作"荷载较高，称 F_2 为合作评价因子。第三个因子中，"家庭人口"和"劳动力人口"有较高荷载，与农户家庭特征相关，称 F_3 为家庭特征因子。第四个因子中，"技术培训""生产过程监管"和"产品质量检测"与企业质量监管相关，称 F_4 为企业监管特征因子。第五个因子中，"绿色蔬菜生产成本与普通蔬菜比较"有较高载荷，称 F_5 为生产成本因子。第六个因子中，"绿色蔬菜收购价格"、"收益变化"和"蔬菜收入比重"有较高载荷，与农户预期收益相关，称 F_6 为预期收益因子。第七个因子中，"是否关心环境""性别"和"年龄"有较高载荷，与农户对环境关注相关，称 F_7 为农户安全认知程度因子。第八个因子中，"绿色蔬菜生产标准掌握程度""农药使用中的道德风险行为""有无生产记录"和"是否认知绿色食品标识"有较高载荷，与农户在生产过程中质量控制行为相关，称 F_8 为农户质量控制特征因子。

4.5.2 多元回归分析

因子分析的结果提取出 8 个因子，分别是"农户个人特征""合作评价""家庭特征""预期收益""农户质量控制特征""企业监管特征"和"农户安全认知特征"。把这 8 个因子作为自变量，"是否实施质量控制行为"作为因变量，运用普通最小二乘法进行多元回归分析，分析影响农户对绿色蔬菜实施质量控制行为的因素。多元回归模型的函数形式如下：

$$y = \beta_1 x_1 + \beta_2 x_2 + \beta_3 x_3 + \beta_4 x_4 + \beta_5 x_5 + \beta_6 x_6 + \beta_7 x_7 + \beta_8 x_8 + C + \varepsilon \quad (4.1)$$

式中，y 为因变量，β_i（i = 1，…，8）为参数，x_i（i = 1，…，8）为自变量，C 为常数项，ε 为随即误差项。农户质量控制行为影响因素多元回归结果见表 4.13。

表 4.13　农户绿色蔬菜质量控制行为影响因素多元回归结果

	系数	t 值	显著性
常量	0.938	101.102	0.000
农户个人特征	0.018	-1.907	0.057
合作评价	0.115	12.403	0.000
农户家庭特征	0.015	1.568	0.117
企业监管特征	0.006	0.643	0.520
生产成本	-0.003	-0.330	0.042
预期收益	0.315	3.728	0.000
农户安全认知程度	0.005	0.025	0.980
农户质量控制特征	0.019	2.020	0.044

注：卡方值 0.602；F 值 22.305；F 检验的 P 值 0.000。

从农户绿色蔬菜质量控制行为的影响因素回归分析中可以得出以下结果：

（1）从表 4.13 中可以看出，卡方值为 0.602，F 值为 22.305，回归结果比较理想。检验结果中，"农户家庭特征"因子、"企业监管"因子和"农户安全认知"因子三个变量不显著，其余变量皆在 10% 的水平下显著。

（2）预期收益对农户绿色蔬菜质量控制行为的影响显著并且呈正相关，假说 4.1 成立。说明绿色蔬菜的经济效益是影响农户生产决策的首要因素。在与农户的访谈中，多数农户尤其是年龄在50岁以下的农户表示,能否带来更高的经济收益是他们决定选择种植绿色蔬菜的主要因素。

(3) 农户质量控制特征对农户绿色蔬菜质量控制行为有正向显著影响,假说4.3成立。其中,对绿色蔬菜生产标准了解程度较高的农户,生产绿色蔬菜的积极性较高。在调研中,农户都熟悉绿色蔬菜在种植过程中的农药和化肥的施用量与施用频次。

(4) 合作评价对农户绿色蔬菜质量控制行为有正向显著影响,假说4.5成立。说明农户对与企业的合作评价是影响农户是否继续为企业提供绿色蔬菜的主要因素,农户与企业合作评价不满意主要体现在蔬菜收购价格偏低、企业对蔬菜质量要求过高以及合作中农户缺乏发言权等方面。

(5) 生产成本对绿色蔬菜生产农户质量控制行为有负向显著影响,假说4.6成立。绿色蔬菜生产成本高于普通蔬菜,如果企业收购价格不能达到农户的预期,会挫伤农户的生产积极性。

(6) 农户个人特征对绿色蔬菜生产农户质量控制行为有正向显著影响,假说4.7成立。调研中,农户的受教育程度越高,更易于对蔬菜生产实施质量控制。

4.6　实证分析结论

本部分通过对农户绿色蔬菜质量控制行为影响因素的理论分析和实证分析,得出以下结论:①绿色蔬菜的预期收益对农户绿色蔬菜质量控制行为有积极作用。农户的预期收益主要表现为企业对绿色蔬菜的收购价格。优质优价的实现,能够提升农户绿色蔬菜生产的积极性,保证企业稳定的原材料供应,从而有利于推动绿色食品产业的发展。②农户的合作评价是影响农户是否实施质量控制行为的主要因素。调查中，农户对合作不满意的方面主要表现为两个方面：一是企业在收购时的压级压价行为，二是合同价格偏低。此外，当同类蔬菜市场价格下跌时，企业是否按照合同价格收购，保护签约农户利益。如果企业能够按照合同价格收购，农户对企业信任度增强，农户与企业合作的意愿会加强。③农户自身质量控制特征对农户质量控制行为有显著的影响作用。因此，加强食品质量安全的宣传力度，培养农户食品质量安全意识，对农户绿色蔬菜质量控制行为有积极作用。

4.7 小结

本部分对农户绿色蔬菜质量控制行为进行了研究。首先依据计划行为理论构建了农户绿色蔬菜质量控制分析框架，提出研究假说；然后对所调研农户生产行为进行了描述性统计分析，运用因子分析方法，对所选取的变量进行因子分析，提取农户实施质量控制的主要影响因子。结果表明：农户个人特征因子、合作评价因子、家庭特征因子、企业监管因子、成本因子、预期收益因子、农户安全认知因子、农户质量控制因子为八个公因子，即这个八个因素对农户的质量控制行为有影响作用。为了进一步对这八个因素对农户绿色蔬菜质量控制行为的影响作用进行分析，运用多元回归分析方法，分析结果按照影响作用的显著性依次为预期收益、合作评价、农户质量控制特征、生产成本和农户个人特征。其中，农户对绿色蔬菜带来的预期收益和合作评价是农户决定是否实施质量控制的最重要因素。

从分析结果看，假说4.1、假说4.3、假说4.5、假说4.6、假说4.7成立；假说4.2和假说4.4不成立。即：预期收益是农户质量控制行为的影响因素；农户质量控制特征是农户质量控制行为的影响因素；农户的合作评价是农户绿色蔬菜质量控制行为的影响因素；绿色蔬菜生产成本是农户质量控制行为的影响因素；农户个人特征和家庭特征是农户绿色蔬菜质量控制行为的影响因素。

5 企业实施绿色食品认证的意愿研究

5.1 企业实施绿色食品认证意愿及影响因素的理论分析

5.1.1 企业实施绿色食品认证意愿的影响因素

目前国内外对农产品质量安全认证的研究主要集中在体系认证方面,其中又以 HACCP 体系认证为主,而对产品认证的研究较缺乏。本部分参考企业实施 HACCP 体系认证影响因素的研究文献,从企业特征、企业决策者特征、外部环境特征及企业预期特征四个方面分析影响企业实施绿色食品认证意愿的因素。

5.1.1.1 企业特征

由于企业的类型、发展战略不同,企业对经济效益的认识就会存在差异,因此企业特性,比如企业规模、产品类型、企业采取食品安全行动前的原始质量管理状况等因素就会影响企业食品安全行动决策(白丽,2005)。本部分选择以下三个变量作为企业特征变量的观测变量:

(1) 企业规模(X_1)。一般而言,企业的规模越大,资金基础越雄厚，企业也会增加在食品安全方面的投入，以提高公众对其产品质量的认可度（孙平，2005；王志刚、黄冲，2008）。企业对产品质量的控制能力、对食品安全工艺的选择等在很大程度上受企业规模的影响（Shavell，1987；王秀清、孙云峰，2002），研究表明企业规模会影响企业实施 HACCP 体系认证。企业规模与企业实施 HACCP 体系的意愿呈正向关系，企业规模越小，实施 HACCP 体系的意愿和能力越低（Pedro Javier Panisello et. al，1999；徐萌，2007；周洁红等，2007；姜励卿，2008）。Hibiki et. al（2003）的研究也表明，规模越大的企业越愿意实施 ISO14000 体系认证。综上所述，企业预期规模越大，企业越愿意实施绿色食品认证。本部分将用企业资产总额、员工人数及销售额三个指标共同衡量企业的规模。

（2）产品类型（X_2）。产品类型会在一定程度上影响企业制定食品安全行动决策（白丽，2005）。Pedro Javier Panisello et. al（1999）的研究也表明，产品类型以及生产加工方式会影响企业实施 HACCP 体系认证。企业生产加工的主要农产品类型决定了供应链长度（杨秋红，2008）。对于加工企业来说，农产品供应链越长，企业对原材料质量等各个环节的控制能力就越低，企业就越难达到绿色食品认证的标准，那么企业实施绿色食品认证的意愿就会越低。因此，预期产品类型可能对企业实施绿色食品认证的意愿有影响。

（3）质量认证（X_3）。孙平（2005）的研究表明，是否建立质量安全管理体系与企业食品安全生产成正相关关系，因为企业建立了食品质量安全管理体系，表示其重视食品安全，对食品安全的控制能力也越强。企业采取质量安全行动前的质量管理状况会影响企业食品安全行动决策，企业原本的质量管理体系越完善，那么其服从管制的成本就越低（白丽，2005）。企业如果建立了比较完善的质量安全管理体系，就更能体会到其优势，同时企业在食品质量监管方面也积累了更多的经验（孟强，2006）。因此，可以预期获得质量认证对企业实施绿色食品认证的意愿有正向影响。研究时用"企业是否获得质量认证"来客观反映"企业是否建立质量安全管理体系"。

5.1.1.2 企业决策者特征

决策主体会影响决策（周三多，2005）。决策者对问题存在和决策需要的认识是一个认知问题，决策者自身的特征（包括决策者的年龄、受教育年限等）、决策者认知对象的特征（包括认知对象的新奇度等）不仅是影响决策者认知过程的主要因素，而且也是影响决策的因素（罗宾斯，1997）。因此，企业在做出是否实施绿色食品认证决策时会受到企业决策者自身特征、决策者认知对象的特征的影响。决策者自身特征包括决策者年龄（X_4）、受教育年限（X_5）；决策者认知对象的特征用决策者对绿色食品认证的认知程度（X_6）来反映。

（1）决策者年龄（X_4）。一方面，年龄对生产者的决策具有负向影响，与年龄较大者相比，更加年轻的生产者对新事物的接受能力更强，也能够更快获得和理解市场信息（诸文娟，2007）；另一方面，企业决策大部分是凭借决策者的经验和已有知识进行决策，而不是按照科学的决策程序进行决策（谢霖铨等，2007）。因此，可以预期企业决策者年龄越大，越不愿意实施绿色食品认证。

（2）决策者受教育年限（X_5）。由于高层管理者的文化程度不同，使得在不同组织甚至是相同组织中的管理者对相同的内部或外部信息的理解都会相当不同，这会在一定程度上影响企业的决策（Papadakis et. al，1998）。企业吸收和应用外界信息的能力在很大程度上与企业决策者拥有的知识水平和知识内涵密切相关（董文胜，2005）。决策者的文化程度可能会影响对绿色食品认证的认知、态度，最终会影响企业实施绿色食品认证。因此，可以预期决策者受教育年限越长，企业越愿意实施绿色食品认证。本部分选用决策者受教育年限来间接测量决策者的文化程度。

（3）决策者对绿色食品认证的认知程度（X_6）。有关研究表明，企业管理者对HACCP认证的了解程度会影响企业实施HACCP认证，如果企业管理者能够深入透彻地理解HACCP体系的原理和方法，同时能够认可HACCP体系给企业带来的好处，那么企业应用HACCP体系的可能性越大（孟强，2006；周洁红等，2007）；相反，会降低企业实施HACCP的意愿，同时也会阻碍HACCP体系在企业的推广（姜励卿，2008）。因此，绿色食品认证的认知程度可能对企业实施认证的意愿有影响。

5.1.1.3 外部环境特征

企业面临的政策环境、行业环境和市场环境会影响企业的决策（杨秋红，2008）。市场驱动、政府食品安全规制是食品生产者加强产品质量安全管理、进行农产品质量认证的两个动因（Starbird，2000；张喆，2007）。因此，本部分将主要分析政策环境和市场环境对企业实施绿色食品认证的影响。政府管制是影响企业食品安全行动的主要因素，政府管制方式包括政策及标准、准入许可、行政处罚、补贴等（白丽，2005）。政府管制行为对企业实施绿色食品认证的促进作用：通过实行监督控制与惩罚进行反向激励，或者提供政策优惠进行正面激励。市场竞争压力是企业实施绿色食品认证的外部驱动力，市场因素（同行模仿企业数量的多少、市场需求意愿及有效需求能力）对企业实施绿色食品认证的决策有强烈的诱导作用（李国珍，2005）。另外，消费者安全食品需求会给企业生产造成压力，会影响企业安全食品生产决策。综上所述，可以选择以下五个变量作为影响企业实施绿色食品认证意愿的外部环境特征变量：

（1）政府食品安全监控作用（X_7）。政府对食品安全的高效管制是通过"优质优价"的激励机制或潜在惩罚约束机制来实现的（周洁红等，2007）。因此，政府要达到保障食品安全的目标，就必须从市场监管与经济激励两个方面同时加以考虑（王华书，2004）。政府对食品企业的管制效率越高、对违规企业的处罚越严厉，则企业违抗管制的成本就越高，这会使企业更加重视食品安全，也会使其更加积极地采取食品安全行动（白丽，2005）。孙平（2005）的研究表明，政府食品安全监控作用与企业食品安全生产呈正相关，并且对企业采纳食品安全生产标准具有比较显著的正向影响。因此，可以预期政府对食品安全的监控作用越显著，企业越愿意实施绿色食品认证。本部分将采用企业对政府食品安全监控作用的主观评价来测量政府的监管力度。

（2）政府支持政策（X_8）。企业实施绿色食品认证需要对生产设备等进行改造，这些都会增加企业的成本。目前农产品市场还未形成"优质优价"的机制，那么企业实施绿色食品认证带来的收益增加可能难以补偿生产成本的增加，或是收益增加不明显。因此，在没有政府扶持的情况下，由企业完全承担实施绿色食品认证的成本，会导致企业的内在动力不足。因此，政府扶持是必要的。政府如果能在政策、资金以及技术等方面为企业创造一个良好的支持性环境，使企业生产安全食品的收益内部化（徐萌，2007；周洁红等，2007），将会增强企业实施绿色食品认证的意愿，从而有利于企业实施绿色食品认证。本部分采用是否有相应的财政补贴、税收优惠、技术指导等政府支持政策来测量政府的正面激励。

（3）同行模仿企业数量（X_9）。企业实施绿色食品认证是区别于其他企业以建立自身独特竞争优势的一种手段。然而，同行企业采取的质量安全行为对行业内其他企业有着显著的导向和趋同作用（王世表等，2009）。同行业或部门内模仿企业数量越多,其示范效益越明显,对其他企业的推动力就越大(李国珍,2005)。汤勇(2007)的研究表明,同行质量安全行为会对其他企业的行为造成直接影响,同行中实施质量安全行为的企业数越多,其他企业就越有可能采取质量安全行为。因此,可以预期当行业内实施绿色食品认证的企业数量越多,企业越愿意实施绿色食品认证。

(4) 消费者对绿色食品的需求程度(X_{10})。根据现代营销观念,在高度竞争的市场环境中,企业必须以顾客的需求为导向来建立市场竞争优势,顾客—供应商关系可能是传播质量管理标准的首要机制(Delmas & Toffel,2003)。徐萌(2007)的研究表明,在非政策强制的背景下,市场需求的自我调节作用对企业实施HACCP体系的意愿起着主导作用。因此,消费者对绿色食品的需求程度会成为企业实施绿色食品认证的激励或阻碍,同时也约束着企业能够在多大程度上超越其竞争对手。如果消费者对绿色食品具有较高的需求,企业感受到的诱导力量也就越大,这将激励企业积极地实施绿色食品认证,以满足市场对绿色食品的需求。因此,消费者对绿色食品的需求越旺盛,企业实施绿色食品认证的意愿就越强烈。这里,将采用企业对消费者需求程度的主观评价来测量消费者对绿色食品的需求程度。

(5) 消费者安全食品需求带来的压力(X_{11})。Pedro Javier Panisello et. al(1999)认为,企业顾客的食品安全需求会影响企业实施HACCP体系。王志刚等(2006)指出,企业开展HACCP认证的主要目的之一便是适应社会追求健康安全的消费潮流。当今社会食品安全事件频繁发生,面对严峻的食品安全形势,消费者对食品安全的关注程度日益增强,对安全食品的需求日益增长,这会给企业的生产造成压力,因此,可以预期消费者安全食品需求带来的压力越大,企业越愿意实施绿色食品认证。

5.1.1.4 企业预期特征

按照经济学的观点，预期是影响企业经济行为的主要因素。企业最终目的是追求财富最大化，增加效益便是对企业的最大激励。通常情况下，一旦企业预期采取食品安全行动能够增加企业效益，那么无论是否存在政府管制规定，企业都会主动积极地采取食品安全行动（白丽，2005）。Kathleen Segerson（1999）也认为，只有在采用保障性措施生产农产品的回报大于或等于不采取保障性措施的期望回报时，生产者才会生产无公害农产品。对于以追求利润为生存目标的企业来说，只有在实施绿色食品认证的预期收益大于预期成本与风险时，企业才会有实施绿色食品认证的意愿。因此，本部分将选择以下三个变量来衡量企业预期变量：

（1）价格预期（X_{12}）。对于生产者而言，提高食品安全性将会影响生产成本，生产者必然会通过市场的高价来弥补增加的成本。如果提高食品安全性的成本不能在销售时得到消费者认可支付，这将降低生产者提高食品质量安全的积极性（周应恒等，2003）。因此，价格是引导生产者行为的最好杠杆，它直接关系到市场对产品的供给（卫龙宝等，2005）。因此，企业对绿色食品的价格预期越高，企业越愿意实施绿色食品认证。

（2）成本预期（X_{13}）。在进行投资决策时，企业首先考虑的是投资成本与收益。因此，对实施绿色食品认证的成本预期越高，企业认证意愿会越低。

（3）风险预期（X_{14}）。在是否实施绿色食品认证的决策中，企业面临的风险主要有市场风险、技术风险、资金风险等。一般情况下，企业是愿意规避风险的。因此，风险预期与企业实施绿色食品认证的意愿呈负相关关系。

5.1.2　企业实施绿色食品认证影响因素的分析框架

综上所述，影响企业实施绿色食品认证的因素有企业特征（企业规模、产品类型、是否获得质量认证）、企业决策者特征（包括决策者年龄、受教育年限、对绿色食品认证的认知程度）、外部环境特征（包括政府食品安全监控作用、政府支持政策、同行模仿企业数量、消费者对绿色食品的需求程度、消费者安全食品需求带来的压力）以及企业预期（包括价格预期、风险预期、成本预期）。因此，构建企业实施绿色食品认证意愿的理论框架图（见图5.1）及理论模型：

企业实施绿色食品认证的意愿=f（企业特征、企业决策者特征、外部环境特征、企业预期）+随机扰动项

5.1.3　研究假说

企业作为理性"经济人"，其投资、生产的最终目的就是追求利润最大化，这种利润最大化行为，既受到企业自身条件的影响又受到外部环境因素的影响。在借鉴国内外研究成果的基础上，引入一些新变量，试图对企业实施绿色食品认证的意愿做进一步的研究。根据5.1.1部分的分析，提出以下假说：

（1）企业特征对企业实施绿色食品认证的意愿有影响。

H5.1.1：企业规模与企业实施绿色食品认证的意愿呈正相关。

H5.1.2：产品类型与企业实施绿色食品认证的意愿呈负相关。

H5.1.3：是否获得质量认证与企业实施绿色食品认证的意愿呈正相关。

（2）企业决策者特征对企业实施绿色食品认证的意愿有影响。

H5.1.4：决策者的年龄与企业实施绿色食品认证的意愿呈负相关。

H5.1.5：决策者受教育年限与企业实施绿色食品认证的意愿呈正相关。

H5.1.6：对绿色食品认证的认知程度与企业实施绿色食品认证的意愿呈正相关。

（3）外部环境特征对企业实施绿色食品认证的意愿有影响。

H5.1.7：政府食品安全监控作用与企业实施绿色食品认证的意愿呈正相关。

H5.1.8：政府支持政策与企业实施绿色食品认证的意愿呈正相关。

H5.1.9：同行模仿企业数量与企业实施绿色食品认证的意愿呈正相关。

H5.1.10：消费者对绿色食品的需求程度与企业实施绿色食品认证的意愿呈正相关。

H5.1.11：消费者安全食品需求带来的压力与企业实施绿色食品认证的意愿呈正相关。

（4）企业预期对企业实施绿色食品认证的意愿有影响。

H5.1.12：价格预期与企业实施绿色食品认证的意愿呈正相关。

H5.1.13：成本预期与企业实施绿色食品认证的意愿呈负相关。

H5.1.14：风险预期与企业实施绿色食品认证的意愿呈负相关。

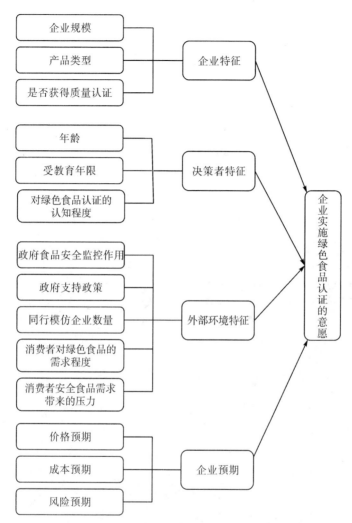

图 5.1 企业实施绿色食品认证意愿影响因素的理论框架图

5.2 方案设计与组织实施

5.2.1 样本选择

本部分调查对象是尚未实施绿色食品认证的企业，符合要求的企业较多但是相对分散。因此，为了方便调查，主要选取农产品生产加工企业较为集中的地区为样本，选取地区包括成都、眉山、资阳、乐山和遂宁。同时，利用暑假回家的本科生采取就近原则进行调查。最后样本涉及地区包括成都、眉山、资阳、乐山、遂宁、泸州、南充、达州、绵阳、巴中、攀枝花、内江和雅安13个市。在实地调查时，调查人员都需要先拜访当地的农业局、畜牧局等相关部门，获取当地尚未获得绿色食品认证的企业名录，然后从中随机选取样本企业。共发放问卷130份，收回116份，回收率为89.2%，剔除有漏答关键内容等无效的问卷5份，共收回有效问卷111份，问卷有效率为95.7%。

5.2.2 问卷设计

在借鉴国内外相关研究成果的基础上，课题组初步设计了调查问卷，并在雅安进行了试调查，修改完善后形成正式调查问卷。问卷包含以下四个部分：①企业的基本信息；②企业决策者信息及认知特征；③政府对实施绿色食品认证企业的支持政策；④同行内实施绿色食品认证的企业数量，企业对绿色食品的成本预期、风险预期及价格预期，企业实施绿色食品认证的意愿。

5.2.3 调查方法

问卷调查主要采用两种方法：①组织经济管理学院本科生

在2010年暑假期间利用回家的机会进行问卷调查。在调查之前，对调查人员进行了严格培训，以保证调查质量。②课题组成员于2010年7月和9月期间对成都、遂宁、眉山、乐山、资阳等地的企业进行了问卷调查，并对部分企业进行了访谈。样本者多为企业高层管理人员，问卷的调查采用一问一答的方式，由样本者协助调查员完成问卷。

5.3 样本企业的描述性统计分析

5.3.1 样本企业的基本特征分析

5.3.1.1 企业规模

根据我国2003年修订的工业企业规模划分标准①，样本企业中小型企业59家（占53.2%）、中型企业43家（占38.7%）。这比较符合四川省农产品企业的现实情况，具有一定的代表性。

从图5.2可以看出，三种类型的企业愿意实施绿色食品认证的比例较高，这说明绿色食品认证被大多数企业认可和接受。两家大型企业不愿意实施绿色食品认证，因为它们已获得有机食品认证。

5.3.1.2 企业所有制结构

样本企业以私营企业为主（占95.5%），其次是国有企业（占3.6%），最少的是三资企业（占0.9%）。

---

① 工业企业规模划分标准：从业人员在300人以下、年销售额在3000万元以下、资产总额在4000万元以下的企业为小型企业；从业人员在300～2000人，销售额在3000万～30 000万元、资产总额在4000万～40 000万元的企业为中型企业；从业人员在2000人以上、销售额在30 000万元以上、资产总额在40 000万元以上的企业为大型企业。

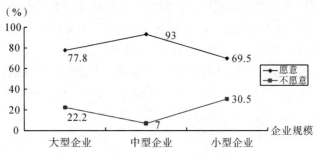

图 5.2　企业规模与实施绿色食品认证的意愿

5.3.1.3　企业级别

样本企业大多数为农业产业化龙头企业,占样本总数的 65.8%。其中,39.6% 的是市级龙头企业、20.7% 是省级龙头企业。

5.3.1.4　产品类型

从统计结果可知,样本企业产品以粮油及其制品最多,共 22 家,占样本总数的 19.8%,其次是肉及其制品、调味品及酱腌菜(详见表 5.1)。

表 5.1　企业产品类型

产品类型	企业数量(家)	比例(%)
茶叶	17	15.40
酒等饮料及乳制品	14	12.60
粮油及其制品	22	19.80
肉及其制品	19	17.10
调味品及酱腌菜	19	17.10
蔬菜水果等及其初加工制品	10	9.00
其他	10	9.00
总计	111	100

图 5.3 显示了产品类型与企业实施绿色食品认证意愿间的关系。可以看出，茶叶企业愿意实施认证的比例明显低。可能的原因是：①有些茶叶品种的市场需求量不大，利润较低；②茶叶容易受大气、土壤等环境的影响，同时生产加工工序多，质量较难控制，难以达到绿色食品认证的标准；③部分茶叶企业已实施有机食品认证。

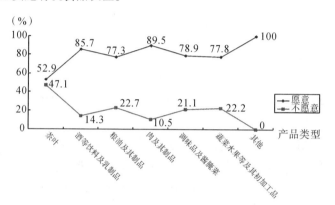

图 5.3　企业产品类型与实施绿色食品认证的意愿

5.3.1.5　企业是否获得质量认证

表 5.2 表明，实施 ISO9000 系列认证的企业最多（60 家），其次是实施无公害农产品认证的企业（32 家），而实施有机食品认证的企业较少（14 家），部分同时还实施了其他质量认证，但 21 家企业没有实施任何质量认证。

表 5.2　　　　　　企业获得的质量认证

企业获得的质量认证	企业数量（家）	比例（%）
ISO9000	60	38.60
HACCP	20	12.80

表5.2(续)

企业获得的质量认证	企业数量（家）	比例（%）
无公害农产品	32	20.50
有机食品	14	9.00
其他认证	29（GHP认证7家、GVP认证2家、GTP认证1家、GAP认证1家、GPP认证8家、GMP认证10家）	18.60
无	21	13.50
总计	156	1000

注：由于有些企业获得多种质量认证，因此总计项的企业数量大于样本总量111家。

如图5.4所示，是否获得质量认证与企业实施绿色食品认证意愿间具有明显的相关关系。获得质量认证的企业愿意实施绿色食品认证的比例明显要高。其原因在于：企业获得质量认证，不仅积累了有关质量认证的经验，而且能深刻体会实施质量认证的益处。

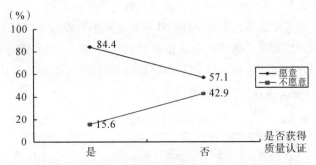

图5.4 企业是否获得质量认证与实施绿色食品认证的意愿

5.3.2 企业决策者特征分析

5.3.2.1 决策者年龄

统计结果显示,企业决策者的年龄大多在50岁以上、40岁及以下的决策者有54人(占48.6%)。统计分析发现,决策者年龄与企业实施绿色食品认证意愿间的关系不明显。

5.3.2.2 决策者受教育年限

63.1%的样本企业决策者受教育年限在12年以上,说明四川省农产品企业决策者的总体文化程度较高。

图5.5显示,决策者受教育年限与企业实施绿色食品认证的意愿具有明显的正相关关系,即决策者受教育年限越长,企业实施绿色食品认证的意愿越强。

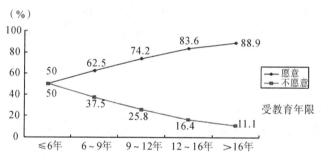

图5.5 企业决策者受教育年限与实施绿色食品认证的意愿

5.3.2.3 决策者对绿色食品认证的认知程度

表5.3显示,样本企业中,决策者都听说过绿色食品认证;绝大多数决策者"比较了解"。随着决策者认知程度的提高,企业实施认证的意愿增强。当决策者很了解绿色食品认证时,企业实施认证的意愿相当高,达到87.5%。调查结果表明,决策者获知绿色食品认证信息的最重要渠道是政府部门宣传,其次是大众媒体(详见表5.4)。可见,要提高企业实施绿色食品认

证的积极性,首先需要政府相关职能部门加强宣传力度,其次应积极发挥大众媒体、第三方机构等的作用。

表5.3 决策者认知程度与实施绿色食品认证的意愿

认知程度	实施绿色食品认证的意愿		合计
	愿意	不愿意	
没有听说过	0(0)	0(0)	0(0)
听说过但不了解	14(66.70%)	7(33.30%)	21(100%)
有点了解	20(74.10%)	7(25.90%)	27(100%)
比较了解	40(85.10%)	7(14.90%)	47(100%)
很了解	14(87.50%)	2(12.50%)	16(100%)

表5.4 决策者获得绿色食品认证相关信息的渠道

获得信息的渠道	决策者数量(个)	比例(%)
法律法规	35	14.50
政府部门的宣传	67	27.60
认证等第三方机构	35	14.50
同行企业	24	10.00
市场的要求(消费者、上下游企业)	36	14.80
大众媒体(互联网、杂志、电视、报纸、广播等)	45	18.60
合计	242	100.0

注:由于有些决策者获得信息的渠道有多种,因此统计总计项的数量大于样本总量111家。

5.3.3 外部环境特征分析

5.3.3.1 政府对食品质量安全的监控作用

表5.5表明,企业对于政府在食品质量安全监控作用的评价较好。同时,企业认为政府在食品质量安全监管方面存在一定问题:监督管理不严、监督漏洞较多,监管标准不统一,存在多头管理,法律法规体系不健全等(详见表5.6)。

表5.5 政府食品安全监控作用评价

监控作用评价	企业数(家)	比例(%)
显著	26	23.40
较大	51	46.00
一般	26	23.40
较小	7	6.30
没有作用	1	0.90
合计	111	100

表5.6 政府在食品质量安全监控方面存在的问题

存在的问题	企业数(家)	比例(%)
法律法规体系不健全	32	17.20
多头管理	36	19.30
标准不统一	41	22.00
管理人员办事效率低,态度差	13	7.00
监督管理不严、监督漏洞较多	64	34.40
合计	186	100

图5.6表明,政府对食品安全监控作用越显著,企业实施

绿色食品认证的意愿越强。

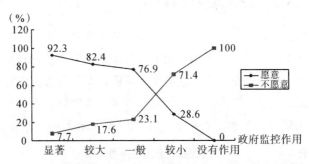

图 5.6 政府食品质量安全监控作用与企业实施认证的意愿

5.3.3.2 政府支持政策

调查结果显示,有 63.1% 的企业回答"实施绿色食品认证有相关支持政策",有 16.2% 企业则回答"当地政府没有支持政策",有 20.7% 的企业回答"不了解"。这表明大部分地方政府对企业实施绿色食品认证有一定的政策支持,个别地方可能存在政策的宣传及落实不到位的情况。

图 5.7 显示,政府支持政策与企业实施绿色食品认证的意愿间有较强的正相关关系。当地有支持政策的企业表示愿意实施绿色食品认证的占 84.3%,而当地没有相关支持政策的企业表示愿意实施绿色食品认证的只占 55.6%。

5.3.3.3 同行模仿企业数量

统计结果显示,31.5% 的样本企业认为同行模仿企业数量较少,28% 的样本企业认为同行模仿企业数量一般,3.6% 的样本企业认为同行模仿企业数量很多。

5.3.3.4 消费者对绿色食品的需求程度

调查结果显示,13.5% 的样本企业认为消费者对绿色食品的需求很旺盛,52.3% 的样本企业认为需求比较旺盛,31.5% 的样本企业认为需求一般。

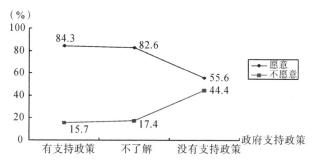

图5.7 政府支持政策与实施绿色食品认证的意愿

图5.8显示,随着消费者需求程度的提高,企业实施绿色食品认证的意愿明显增强。

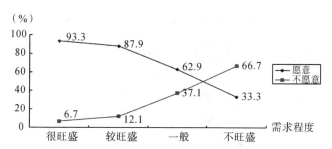

图5.8 消费者对绿色食品的需求程度与
企业实施绿色食品认证的意愿

5.3.3.5 消费者安全食品需求带来的压力

面对消费者日益增长的食品安全需求,企业是否有压力以及感受到的压力大小如何?统计结果显示,企业感受到的消费者安全食品需求带来的压力较大,其中19.8%的样本企业认为压力非常大,53.2%的样本企业感受到的压力较大,21.6%的样本企业感受到的压力一般。

5.3.4 企业预期分析

企业预期包括对绿色食品的价格预期、成本预期和风险预期。

5.3.4.1 价格预期

大多数企业认为实施绿色食品认证可以给企业带来利益。调查发现,77.5%的样本企业认为实施绿色食品认证后产品的价格会提高,而22.5%的样本企业则认为价格差不多。表5.7显示,价格预期与企业实施绿色食品认证的意愿间具有明显的正相关关系。认为实施绿色食品认证可以提高产品价格的企业中有82.6%愿意实施绿色食品认证。

表5.7 价格预期与企业实施绿色食品认证的意愿

价格预期	实施绿色食品认证的意愿		合计
	愿意	不愿意	
提高	71（82.60%）	15（17.40%）	86（100%）
差不多	17（68%）	8（32%）	25（100%）
降低	0（0）	0（0）	0（0）

5.3.4.2 成本预期

调查发现,企业对实施绿色食品认证的成本预期较高,其中7.2%的样本企业认为成本非常高,61.3%的样本企业认为成本较高,26.1%的样本企业认为成本一般。较高的成本预期可能是企业不愿意实施绿色食品认证的关键原因之一。

5.3.4.3 风险预期

调查发现,一半以上的企业认为实施绿色食品认证的风险不大,39.6%的企业认为有较大风险。企业认为实施绿色食品认证的风险主要来自技术、资金和市场。其中,51.4%的企业认为存在技术风险,47.7%的企业认为存在资金风险,33.3%的企业认为存在市场风险。

图 5.9 显示,风险预期与企业实施绿色食品认证的意愿间具有一定的关系。总体来看,认为有较大风险的企业愿意实施认证的比例为 63.6%。

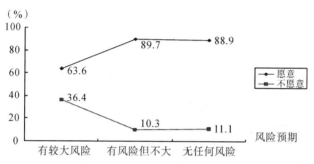

图 5.9 风险预期与企业实施绿色食品认证的意愿

5.3.5 企业实施绿色食品认证的意愿

从调查结果来看,企业实施绿色食品认证的意愿较高。愿意实施绿色食品认证的企业有 88 家(占比为 79.3%),不愿意实施绿色食品认证的企业有 23 家(占比为 20.7%)。进一步了解愿意实施绿色食品认证的企业存在的困难及希望得到政府的支持;对于不愿意实施绿色食品认证的企业,进一步调查了其原因。

5.3.5.1 企业实施认证存在的主要困难

统计结果显示,企业实施绿色食品认证存在以下主要困难:资金短缺、专业人才缺乏、技术水平低、政府支持力度不够、优质难优价(详见表 5.8)。因此,政府在推广绿色食品认证时,需要进一步加大扶持力度,向企业提供技术指导、财政补贴、税收优惠等政策支持;同时,加强对绿色食品的宣传和监管力度,促进"优质优价"机制的形成效。

表 5.8　　企业实施绿色食品认证的主要困难

主要困难	频数
资金短缺	44
技术水平低	41
专业人才缺乏	43
政府支持力度不够	35
优质难优价	31
原料质量水平低	6
实施成本高	25
产地环境质量差,达不到绿色食品生产要求	6

5.3.5.2　企业希望得到的政府支持

表 5.9 表明,企业希望得到的政策支持主要有资金支持、政策引导、推动市场准入以及认证知识和技术培训等。

表 5.9　　企业希望得到的政府支持

希望得到的政策支持	频数
政策引导	57
加大市场宣传力度	18
提供信息服务	10
资金支持	78
改善产地环境	16
推动市场准入	40
加强相关法律法规建设	7
促进绿色食品认证与国际接轨	10
提供绿色食品认证知识和技术方面的培训	33

5.3.5.3 企业不愿意实施绿色食品认证的原因

表5.10显示,企业不愿实施绿色食品认证的主要原因是同行大多没有实施、实施成本太高、企业资金短缺、产地环境质量差、达不到绿色食品生产要求等。

表5.10　企业不愿意实施绿色食品认证的原因

原因	频数
政府没有要求	6
同行大都没有实施	11
生产或者加工技术存在困难	2
已经获得其他质量认证	2
实施成本太高	11
企业资金短缺	9
专业人才缺乏	3
产地环境质量差、达不到绿色食品生产要求	9

5.4　企业实施绿色食品认证意愿及影响因素的实证分析

5.4.1　模型构建

本部分的因变量是企业实施绿色食品认证的意愿,其具体含义为企业是否愿意实施绿色食品认证,包括愿意和不愿意两种情况,属于离散变量。由于因变量不遵循统计学上的正态分布,因此就不能采用普通最小二乘法和加权最小二乘法进行估计。而 Logit 模型中变量之间的关系服从 logistic 函数分布，logistic 能有效地将回归变量的值域限制在 0~1 之间。本部分将采用 Logit 模型进行分析，企业实施绿色食品认证意愿的取值在 [0, 1] 范围内。在分析中，将企业愿意实施绿色食品认证定义为 y=1，不愿意实施绿色食品认证定义为 y=0。y 的分布函数为：

$$f(y) = p^y (1-p)^{1-y} \tag{5.1}$$

y=0 时，$f(y) = 1-p$

y=1 时，$f(y) = p$ 的概率为 P，要计算因变量为 1 的概率 P：$p(y_i=0|x_i, \beta) = F(-x_i'\beta)$。此时，可用极大似然估计法估计模型的参数。对数似然函数为：

$l(\beta) = \log L(\beta) = \sum_{i=0}^{n} \{y_i \log[1-F(-x_i'\beta)] + (1-y_i)\log F(-x_i'\beta)\}$。Logit 模型服从 Logistic 分布，即为 $\Pr(y_i = 1|xi) = \frac{e^{xi\beta}}{1+e^{xi\beta}}$。本部分采用的 Logit 模型的具体形式为：

$$p_i = F(\beta_0 + \sum_{i=1}^{m} \beta_i X_{ij}) = \frac{1}{1+\exp^{-(\beta_0+\sum\beta_i X_{ij})}} + \varepsilon_i \tag{5.2}$$

式中，p_i 表示第 i 家企业愿意实施绿色食品认证的概率，β_i 表示因素的回归系数，m 表示影响这一概率的因素个数，X_{ij} 表示自变量、表示第 j 种影响因素，β_0 表示回归截距，ε_i 表示随机扰动项。

检验逻辑回归模型的统计量有沃尔德统计量（Wald）、-2 对数似然值（-2LL）、Cox 和 Snell 的卡方、Nagelkerke 的卡方检验。通常情况下，Wald 值越大或其 Sig 值越小，显著性越高，作用越大。

5.4.2 变量说明

本部分是为了考察企业实施绿色食品认证的意愿，主要选用二项 Logistic 回归模型分析影响企业实施绿色食品认证意愿的因素。根据前面的理论分析和研究假说,本部分主要选择以下四类变量:①企业特征变量,包括企业规模、产品类型、是否获得质量认证;②企业决策者特征变量,包括决策者的年龄、受教育年限、对绿色食品认证的认知程度;③外部环境特征变量,包括政府食品安全监控作用、政府支持政策、同行模仿企业数量、消费者对绿色食品的需求程度、消费者安全食品需求带来的压力;④企业预期,包括价格预期、成本预期、风险预期。有关各变量的含义、描述性统计及其预期作用方向见表 5.11。

表 5.11　各变量的定义、描述性统计及其预期作用方向

模型变量	变量定义	平均值	标准差	预期作用方向
被解释变量				
实施绿色食品认证的意愿（Y）	不愿意=0；愿意=1	0.79	0.41	
解释变量				
1. 企业特征变量				
企业规模（X_1）	小型企业=1；中型企业=2；大型企业=3	1.55	0.64	+
产品类型（X_2）	茶叶=0；其他=1；	1.15	0.36	-
是否获得质量认证（X_3）	否=0；是=1	0.81	0.39	+
2. 决策者特征变量				
年龄（X_4）	实际观测值（岁）	42.36	6.57	-
受教育年限（X_5）	实际观测值（年）	14.48	3.19	+
对绿色食品认证的认知程度（X_6）	没听说过=1；听说过但不了解=2；有点了解=3；比较了解=4；很了解=5	3.52	0.96	+
3. 外部环境特征				+
政府食品安全监控作用（X_7）	没有作用=1；较小=2；一般=3；较大=4；显著=5	3.85	0.89	+

表5.11(续)

模型变量	变量定义	平均值	标准差	预期作用方向
政府支持政策（X_8）	不了解=1；没有=2；有=3	2.42	0.82	+
同行模仿企业数量（X_9）	很少=1；较少=2；一般=3；较多=4；很多=5	2.61	1.1	+
消费者对绿色食品的需求程度（X_{10}）	没有需求=1；不旺盛=2；一般=3；较旺盛=4；很旺盛=5	3.77	0.71	+
消费者安全食品需求带来的压力（X_{11}）	无=1；不大=2；一般=3；较大=4；非常大=5	3.87	0.79	+
4. 企业预期				
价格预期（X_{12}）	降低=1；差不多=2；提高=3	2.77	0.42	+
成本预期（X_{13}）	很低=1；较低=2；一般=3；较高=4；很高=5	3.69	0.71	-
风险预期（X_{14}）	无任何风险=1；有风险但不大=2；有较大风险=3	2.32	0.62	-

注："+"表示影响因素与被解释变量呈正相关关系，"-"表示影响因素与被解释变量呈负相关关系。

5.4.3 模型回归结果

本部分运用SPSS17.0统计软件对所调查的数据进行Logistic回归分析。数据处理采用向后筛选法（Backward：Wald），即首先将所有影响因变量的自变量都引入回归方程，进行回归系数的显著性检验，经检验得到模型一（详见表5.12）；然后根据检验结果，将Wald值最小的变量剔除，然后继续检验，直到自变量对因变量影响的检验结果基本显著为止。经多步迭代，得到最终模型二（详见表5.13）。

在模型一中有产品类型、对绿色食品认证的认知程度、消费者对绿色食品的需求程度、价格预期4个变量影响显著。在模型二中有产品类型、对绿色食品认证的认知程度、政府食品安全监控作用、同行模仿企业数量、消费者对绿色食品的需求程度、价格预期和风险预期7个变量对企业实施绿色食品认证的意愿有显著影响。通过-2 Log likelihood、Cox & Snell R Square、Nagelkerke R Square 的统计值可以看出，模型一和模型二对样本的拟合度都较好。但从系数显著为零的概率值来看，模型一中只有3个变量的系数通过检验，而在模型二中所有变量的系数都通过了检验。因此，综合考虑后选择模型二的结果进行分析。

表5.12 企业实施绿色食品认证意愿的模型估计一

解释变量	回归系数（B）	标准误差（S.E）	沃尔德（Wald）	显著水平（Sig）	B指数 Exp（B）
1. 企业特征变量					
企业规模（X_1）	.390	.642	.368	.544	1.476
产品类型（X_2）	-1.938**	.973	3.968	.046	.144
是否获得质量认证（X_3）	.085	.977	.008	.931	1.089
2. 决策者特征变量					
年龄（X_4）	.048	.051	.887	.346	1.049
受教育年限（X_5）	.007	.125	.003	.954	1.007
对绿色食品认证的认知程度（X_6）	.728*	.423	2.972	.085	2.072
3. 外部环境特征					
政府食品安全监控作用（X_7）	1.248	.417	1.455	.551	1.282
政府支持政策（X_8）	.567	.511	1.231	.267	.567
同行模仿企业数量（X_9）	.496	.316	1.585	.208	1.486
消费者对绿色食品的需求程度（X_{10}）	1.070**	.535	3.997	.046	2.915

表5.12(续)

解释变量	回归系数(B)	标准误差(S.E)	沃尔德(Wald)	显著水平(Sig)	B指数 Exp(B)
感受到的消费者安全食品需求带来的压力(X_{11})	.424	.452	.882	.348	1.529
4. 企业预期					
价格预期(X_{12})	1.372*	.751	3.335	.068	3.941
成本预期(X_{13})	-.817	.617	1.757	.185	.442
风险预期(X_{14})	-.993	.627	2.504	.114	.371
常量	-5.669	5.302	1.143	.285	.003
-2 Log likelihood	69.499a				
Cox & Snell R Square	.526				
Nagelkerke R Square	.510				

注:*、**、***表示估计的系数不等于零的显著度水平分别为10%、5%、1%。

表5.13 企业实施绿色食品认证意愿的模型估计二

解释变量	回归系数(B)	标准误差(S.E)	沃尔德(Wald)	显著水平(Sig)	B指数 Exp(B)
1. 企业特征变量					
产品类型(X_2)	-2.167***	.746	8.442	.004	.114
2. 决策者特征变量					
对绿色食品认证的认知程度(X_6)	.708**	.340	4.323	.038	2.029
3. 外部环境特征					
政府食品安全监控作用(X_7)	1.353*	.276	3.338	.071	1.523
同行模仿企业数量(X_9)	.505*	.209	3.424	.064	1.943

表5.13(续)

解释变量	回归系数(B)	标准误差(S. E)	沃尔德(Wald)	显著水平(Sig)	B指数 Exp(B)
消费者对绿色食品的需求程度(X_{10})	1.293***	.452	8.188	.004	3.643
4. 企业预期					
价格预期(X_{12})	1.232*	.658	3.507	.061	3.429
风险预期(X_{14})	-1.265**	.539	5.511	.019	.282
常量	-3.267	2.592	1.588	.208	.038
-2 Log likelihood	77.752a				
Cox & Snell R Square	.474				
Nagelkerke R Square	.428				

注：*、**、*** 表示估计的系数不等于零的显著度水平分别为10%、5%、1%。

5.5 实证分析结果与讨论

根据模型结果，企业实施绿色食品认证的意愿受到多种因素的影响。各因素的影响方向和程度如下：

5.5.1 企业特征变量对其实施绿色食品认证意愿的影响

（1）企业规模变量没有达到显著水平，这说明企业规模对其实施绿色食品认证意愿的影响不显著，假说H5.1.1不成立。究其原因可能与本次调查样本的整体规模有关。样本企业中91.9%为中小型企业，这部分企业大多把实施绿色食品认证纳入战略计划中，作为其未来发展的目标；相反，大型企业现有一套相对完善的质量安全保障体系，因此实施绿色食品认证的意愿不强。

（2）产品类型变量系数检验值在1%的水平上显著，且符号为负，这说明产品类型与企业实施绿色食品认证的意愿具有显著负相关关系，假说H5.1.2成立。由于产品类型不同，企业实施绿色食品认证增加的成本和收益就会不同，其实施绿色食品认证的积极性就会有显著差异。关于产品类型，这里主要考虑了茶叶产品，并预期茶叶企业比其他企业更不愿意实施绿色食品认证。茶叶原料质量容易受大气、土壤（重金属含量）等环境因素的影响；同时生产加工茶叶的环节繁多，茶叶的质量较难控制，更难达到绿色食品认证的标准，相对而言认证增加的成本也越多。调查中发现，近一半茶叶企业不愿意实施绿色食品认证。

（3）是否获得质量认证变量对企业实施绿色食品认证的意愿没有显著影响，这说明假说H4.1.3不成立。究其原因，可能是样本企业获得的质量认证主要是ISO9000系列认证、无公害农产品认证，认证标准要明显低于绿色食品认证的标准。而这部分企业如果要实施绿色食品认证，就必须改进生产设备、完善管理体系和培训员工等。这些无疑都会增加企业的成本，这在一定程度上降低了企业认证的积极性。

5.5.2 决策者特征变量对企业实施绿色食品认证意愿的影响

（1）决策者年龄变量没有通过显著性检验，且符号为正，这说明假说H5.1.4不成立。其原因可能是：样本企业决策者文化程度大多较高，他们具备学习和接受新事物的能力；绿色食品认证具有环境安全功能和健康安全功能，而年龄越大的人规避环境风险和健康风险的愿望越强烈，因而实施绿色食品认证的意愿可能越高。

（2）决策者受教育年限变量没有通过显著性检验，且符号为正，这说明假说 H5.1.5 不成立。其原因可能是：①样本企业决策者受教育年限普遍较长，样本的差别不是很大；②受教育年限较长的决策者在决策时考虑得更全面、更为理性和谨慎；受教育年限越长，并不意味决策者在食品安全方面以及质量认证方面的相关知识丰富，因此，他们对实施绿色食品认证的意愿不明显。

（3）决策者对绿色食品认证的认知程度变量在5%的水平下显著，且符号为正，这说明假说 H5.1.6 成立。模型结果表明，企业决策者对绿色食品认证的认知程度越深，认证意愿越强。绿色食品认证已实施20多年，调查发现，大多数决策者对绿色食品的认知程度比较高，24.3%的决策者"有点了解"绿色食品认证，42.3%的决策者"比较了解"绿色食品认证，14.4%的决策者"很了解"绿色食品认证。可见，政府多年来致力于绿色食品推广工作取得明显成效。

5.5.3 外部环境特征变量对企业实施绿色食品认证意愿的影响

（1）政府食品安全监控作用变量在10%的水平下显著，且符号为正，这说明假说 H5.1.7 成立。调查数据显示，企业对政府在食品质量安全监控作用的评价较好。企业的评价越高，表明政府的监控力度越大。模型结果表明，政府对食品质量安全的监控能对企业实施绿色食品认证的意愿产生显著的激励作用，政府对食品质量安全的监控越严密，企业越愿意实施绿色食品认证。

（2）政府支持政策变量没有通过显著性检验，这说明假说 H5.1.8 不成立。其原因可能是：企业作为理性的"经济人"，其目的是追求利润最大化。在政府非强制性实施绿色食品认证的背景下，企业缺乏实施绿色食品认证的法律强制力，那么企业认证与否主要受绿色食品认证的经济驱动力的影响。虽然政府支持政策对企业实施绿色食品认证意愿的影响不显著，但依然存在弱正向相关关系，表明政府若有一定的支持政策，对绿色食品认证仍有一定促进作用。

（3）同行模仿企业数量变量在10%的水平下显著，且符号为正，这说明同行模仿企业数量对企业实施绿色食品认证的意愿有显著影响，假说H5.1.9成立。同行企业实施绿色食品认证会给企业造成竞争压力，实施绿色食品认证的同行企业数量越多，对企业的推动力也就越大。

（4）消费者对绿色食品的需求程度变量在1%的水平下显著，且符号为正。这表明消费者对绿色食品的需求程度越大，企业越愿意实施绿色食品认证，假说H5.1.10成立。本部分中采用企业对消费者需求程度的主观评价来测量消费者对绿色食品的需求程度。消费者对绿色食品的需求程度对于企业实施绿色食品认证会产生诱导作用，消费者对绿色食品的需求越旺盛，企业感受到的激励作用越大，企业实施绿色食品认证的意愿就越强烈。

（5）消费者安全食品需求带来的压力变量没有达到显著水平，这说明消费者安全食品需求带来的压力对企业实施绿色食品认证意愿的影响不显著，假说H5.1.11不成立。调查结果显示，企业感受到的消费者安全食品需求带来的压力较大，企业实施认证的意愿较强。这一结果可能与政府对食品安全的管制力度和效率有关。与发达国家相比，政府的管制力度还有待提高。调查结果显示，企业对于政府在食品质量安全监控作用的评价较好，但是还存在一定问题：监督管理不严、监督漏洞较多，监管标准不统一，存在多头管理。政府管制力度及低效可能影响到消费者需求对企业的影响力。

5.5.4 企业预期特征变量对企业实施绿色食品认证意愿的影响

(1) 价格预期变量在10%的水平下显著,且符号为正,假说 H5.1.12 成立。也就是说,在其他条件不变的情况下,企业对绿色食品的价格预期越高,企业实施绿色食品认证的意愿越高。企业是理性的"经济人",企业的生产或投资决策都是以追求利润最大化为目的。对于企业而言,实施绿色食品认证会增加成本,企业必然希望通过市场的高价来弥补增加的成本,如果实施绿色食品认证可以提高产品的销售价格,那么企业认证的积极性会明显提高。

(2) 成本预期变量系数没有达到显著检验水平,假说 H5.1.13 不成立。实施绿色食品认证可能会增加企业的成本,但是企业可能会把认证增加的成本估计得过高,过高的成本预期可能是影响因素不显著的原因。

(3) 风险预期变量在5%的水平下显著,且符号为负,假说 H5.1.14 成立。风险预期是影响企业实施绿色食品认证的重要因素之一。也就是说,在其他条件不变的情况下,企业对绿色食品认证的风险预期越高,企业实施绿色食品认证的意愿就越低。任何经济活动都存在风险,受信息不完全以及不确定性因素的限制,企业是否愿意实施绿色食品认证,与其预期风险程度有直接关系。

5.6 小结

本部分对食品企业实施绿色食品认证的意愿进行了研究。首先从理论上分析企业实施绿色食品认证意愿的影响因素,构建企业实施绿色食品认证意愿影响因素理论分析框架，提出研究假说；然后对样本企业的选择、问卷设计以及调查方法进行了说明；最后对样本企业从企业特征、企业决策者特征、外部环境特征、企业预期、企业实施绿色食品认证意愿 5 个方面进行了描述性统计分析，运用 Logit 模型对企业实施绿色食品认证意愿的影响因素进行了实证分析并进行了结果讨论。

从实证分析结果看，假说 H5.1.2、假说 H5.1.6、假说 H5.1.7、假说 H5.1.9、假说 H5.1.10、假说 H5.1.12、假说 H5.1.14 成立。

假说 H5.1.1、假说 H5.1.3、假说 H5.1.4、假说 H5.1.5、假说 H5.1.8、假说 H5.1.11、假说 H5.1.13 不成立。

6 绿色食品企业质量控制行为分析

6.1 数据来源与问卷设计

本部分数据来源为 2011 年 7~10 月对四川省 50 家绿色食品企业的调研，调研采取座谈和问卷调查相结合的方式，调查对象为企业决策者或企业产品质量负责人员。本研究的调查问卷包括四个部分：①企业的基本特征，包括企业资产总量、绿色食品原材料基地面积、企业所有制形式、获得认证时间、年销量额。②企业经济效益变化，包括认证前后产品顾客满意度、销量、销售价格、成本的变化。③企业对产品质量的管理。依据绿色食品标准对收购原材料的质量监控，对生产过程的监控，与农户合同的签订。④企业生产以外的因素，包括企业认证的主要意图、认证中的困难、理想的政府优惠政策。

全面调查前，课题组于 2011 年 6 月对成都市双流县天味食品有限公司进行了预调查，根据预调查中存在的问题，通过咨询专家意见，针对问卷中的不足进行了修改。

6.2 绿色食品企业的基本情况

6.2.1 企业样本分布情况

本部分样本抽取方面，根据四川省绿色食品办公室提供的四川省绿色食品发展现状以及企业实施绿色食品认证信息，选取绿色食品在全省发展具有比较优势的成都市、遂宁市、资阳市、眉山市、乐山市作为企业调查的地点。样本包括该五个地区所有获得绿色食品认证并且正常生产的企业。本部分一共发放问卷50份，收回问卷46份，剔除2份无效问卷，共回收有效问卷44份。样本企业的分布如表6.1所示。

表6.1　　　　　绿色食品企业样本分布表

企业所在地区	企业所在区（县、市）	数量（家）	比例（%）	企业名称
成都市	郫县	5	11.36	郫县唐元诚信蔬菜种植基地
				郫县锦宁韭黄生产合作社
				四川省丹丹调味品有限公司
				成都丰味居食品有限公司
				四川蜀山食品有限公司
	双流县	5	11.36	双流鑫山牧业有限责任公司
				成都市大华食品有限公司
				成都康壮牧业有限公司
				四川省攀星绿色食品集团有限公司
				四川省天味实业有限公司
	蒲江县	3	6.81	四川嘉竹茶叶有限公司
				四川中新农业科技有限公司
				四川绿昌茗茶业有限公司
	大邑县	1	2.27	成都昌盛鸿笙食品有限公司

表6.1(续)

企业所在地区	企业所在区（县、市）	数量（家）	比例（%）	企业名称
遂宁市	安居区	4	9.09	遂宁市安居永丰绿色五二四红苕专业合作社
				遂宁市安居区尝乐黄金梨专业合作社
				遂宁市开明食品有限公司
				遂宁市春阳农业开发有限公司
	船山区	2	4.55	四川金绿农牧科技有限公司
				四川省美宁食品有限公司
	蓬溪县	1	2.27	四川香叶尖茶业有限公司
	大英县	1	2.27	四川省汇强油脂有限公司
资阳市	雁江区	1	2.27	四川省资阳市临江寺豆瓣有限公司
	乐至县	7	15.9	四川省川龙酿造食品有限公司
				四川运达粮油食品有限公司
				四川砚山菌业有限公司
				四川省乐至石佛挂面厂
				四川省乐至县帅乡挂面厂
				四川省通世达生物制品科技有限公司
				四川省乐至县天池藕粉有限责任公司
	简阳市	2	4.55	四川可卜尔饮业有限公司
				四川省若男食品有限公司
眉山市	东坡区	6	13.64	四川省惠通食品有限公司
				四川李记酱菜调味品有限公司
				四川省味聚特食品有限公司
				四川省川南酿造有限公司
				四川省吉香居食品有限公司
				四川松江酿造有限公司

表6.1(续)

企业所在地区	企业所在区（县、市）	数量（家）	比例（%）	企业名称
乐山市	五通桥区	1	2.27	乐山市五通桥水乡食品有限公司
	沐川县	2	4.55	沐川县高峰寺果园
				四川一枝春茶业有限公司
	井研县	2	4.55	四川省哈哥兔业有限公司
				乐山市何郎粮油有限公司
	马边县	1	2.27	马边西城名优茶厂
合计				44

6.2.2 样本企业基本情况描述性分析

从样本企业的基本特征可以看出：被调查企业成立时间大多为2005年左右和20世纪90年代。从所有制形式看，调查的企业全部为私营企业，说明私营企业是四川省绿色食品生产与供给的主体。被调查的企业中有3家企业为国家级农业产业化龙头企业，16家企业为省级农业产业化龙头企业，34家为市级农业产业化龙头企业。根据国家统计局2011年发布的大中小微型企业划分标准，本调查中的大型企业有6家（占被调查企业的13.6%）、中型企业有36家（占被调查企业的81.8%）、小型企业2家（占被调查企业的4.5%）。所调查企业以大中型企业为主，基本符合我国绿色食品生产、加工企业现状。

从表6.2中可以看出，样本企业有如下特征：

（1）企业注册资本在100万元以上企业占被调查企业的68.2%，其中注册资本在1000万元以上的企业占被调查企业的38.6%。注册资本在100万元以上的农业企业是实施绿色食品认证的主体。这种特征与所调查企业年销售额中以中型企业为主基本相符。

（2）从企业获得认证的时间看，被调查企业最早是从2003

年开始获得绿色食品认证,2009—2010年获得绿色食品认证的企业数量最多。说明近几年随着消费者对食品安全的关注度增强,消费者对绿色食品的需求不断增长,同时在企业自身发展壮大的动力驱动下,企业对实施绿色食品认证的积极性增强。

(3)被调查企业产品类型主要集中在泡菜榨菜调味品、生鲜果蔬等产品。四川是我国调味品生产大省,尤其本次调查选择的眉山是有名的"中国泡菜城",这两大类产品均是四川在全国具有竞争力的产品。

(4)营业额在3000万元以上的企业占被调查企业的61.4%,其中营业额在1亿元以上的企业的比例为40.9%。这说明营业额较大的大中型农业企业更有实施绿色食品认证的动力,大中型企业更关注企业发展的长远性,对产品质量控制更具有积极性和主动性。

(5)所调查企业产品出口的有19家。出口国家包括美国、日本、欧盟、新加坡、澳大利亚、俄罗斯、加拿大、韩国、新西兰等国。出口产品种类主要包括泡菜、榨菜、调味品、挂面、茶叶、肉类、蔬菜。这些产品同时是四川在全国承担分工的优势农产品。

(6)所调查企业实施绿色食品认证的同时,也实施了其他类型的认证。部分企业同时实施了ISO9000质量管理体系认证和有机食品认证、HACCP体系认证。其中,24家企业实施了ISO9000质量管理体系认证、16家企业实施了HACCP体系认证、11家企业实施了ISO14000质量管理体系认证、10家企业实施了有机食品认证。这说明所调查企业重视食品质量安全控制,通过实施产品认证和体系认证提高企业产品质量控制能力。

表 6.2 被调查企业基本情况

统计指标	类型	频数	频率(%)
注册资本（万元）	10~99	4	9.09
	100~499	12	27.27
	500~999	1	2.27
	1000~4999	14	31.82
	5000以上	3	6.82
获得绿色食品认证时间（年）	2001—2003	4	9.09
	2004—2005	6	13.64
	2006—2008	11	25.00
	2009—2011	23	52.27
产品类型	肉类及肉制品企业	5	11.36
	泡菜榨菜调料企业	11	25.00
	生鲜果蔬及果汁企业	8	18.18
	茶叶企业	5	11.36
	挂面食用油企业	7	15.91
	干杂、菌类、膨化食品企业	8	18.18
年营业额（万元）	50~99	0	0.00
	100~499	1	2.27
	500~999	13	29.55
	1000~2999	3	6.82
	3000~9999	9	20.45
	10 000以上	18	40.91

表6.2(续)

统计指标	类型	频数	频率(%)
产品销售区域	仅在四川省内销售	8	18.18
	仅在国内市场销售	17	38.64
	有出口	19	43.18
其他认证类型	ISO9000质量管理体系认证	24	54.55
	有机食品认证	10	22.73
	HACCP体系认证	16	36.36
	ISO14000质量管理体系认证	11	25.00
	GMP良好生产规范	3	6.82
	GVP良好兽医规范	1	2.27
	无公害农产品	9	20.45
企业员工数（人）	30~99	12	27.27
	100~299	16	36.36
	300~499	8	18.18
	500~999	3	6.82
	1000~1999	4	9.09
	2000以上	1	2.27

6.3 绿色食品企业质量控制行为

6.3.1 企业关于质量控制的态度

我国食品企业主要管理者或企业主个人的决策对企业的决策行为有很大影响（周洁红，2007）。为了获得企业客观、准确的调查结果，本次调研的调查对象是企业管理者、生产部负责人或质量部负责人。被调查人员对产品质量控制的态度直接决定着企业产品是否达到绿色食品标准。从座谈以及问卷的结果来看，企业被调查人员对产品质量控制态度积极，产品质量安全意识较强，对实施产品质量控制与企业的生存与发展的关系有深刻的认识。

在调查的44家企业问卷结果中，所有的企业均把产品质量合格作为企业年度发展目标，以及相关生产部门人员的年度考核标准。有35家企业总经理直接负责产品质量。企业主要负责人对产品质量直接负责，将40%的工作重心放到产品质量控制上。企业主要负责人的平均年龄为48岁，44家企业负责人均积极参加了每年农业部门开展的关于绿色食品质量控制的相关培训和经验交流会，87%的决策者曾经参加了科研机构举办的食品专业的培训。52.3%的被调查企业的负责人具有大专以上学历，其中1家企业负责人的最终学历为博士，22.7%的企业负责人在高等院校参加继续教育，有5家企业负责人被聘为高校食品专业特聘教授。在企业负责人参加各种培训的同时，企业每年都要进行内部员工的培训，比如每年对新进员工举办质量控制集中培训，对全体员工进行新技术的培训，培训的形式以集中培训为主。在企业回答"是否愿意实施产品质量控制"的问题时，所有企业都表示愿意。在问及企业实施产品质量控制的首要考虑因素时，68.2%的被调查企业选择首要因素是产品的销售量与产品能否实现优质优价。

6.3.2 企业质量控制行为

由于本部分所调查样本企业生产的农产品类型不同，遵从的绿色食品标准不同，每家企业具体的质量控制行为不同。对样本企业实施质量安全控制的共同特征进行分析，主要表现为以下几个方面：

6.3.2.1 实施产前原材料质量安全控制

企业在选择绿色食品原材料生产基地时，遵从《绿色食品产地环境技术条件》（NY/T391-2000）和《绿色食品产地环境调查、监测与评价导则》（NY/T1054-2006），重点关注其所选地的环境空气质量、农田灌溉水质、土壤环境质量等。在与企业负责人访谈中，企业负责人表示绿色食品原材料的质量是决定产品质量的重要环节，因此企业对原材料产地的选择非常重视。

企业对原材料生产农户的生产过程实施质量监管。在生产之前，企业建立生产技术操作规程，建立农产品采收上市技术规程。向农户进行操作规程培训，强调绿色食品生产资料使用准则中关于农药、肥料、兽药、饲料添加剂等使用规定，如农药的使用应遵从《绿色食品农药使用准则》（NY/T393-2000），肥料的使用遵从《绿色食品肥料使用准则》（NY/T394-2000），禁止使用硝态氮肥，有机肥和无机肥同时使用时，有机氮含量要高于无机氮。在种植或养殖的关键环节对农户生产行为实行监控。监控的方式主要以企业安排专门人员查访为主。主要是对具体生产操作过程是否规范的检查，如农药的施加量和施加频率。为了激励农户的质量控制行为，部分企业对产品质量合格的农户实行奖励。

6.3.2.2 产中和产后质量安全控制

企业建立了企业负责人负责食品质量的管理制度。在企业内部的加工环节，将绿色食品生产标准融入到生产、加工、监督检查等企业质量管理之中。遵从绿色食品初级产品标准和加工品标准。建立企业自检制度。比如购置测验仪器设备，建立产品检验实验室，强化企业自检，定期或不定期对生产环节或上市前进行抽检或全检，确保上市产品合格。被调查企业均有产品质量自测设备，对最终产品实施抽样检查。被调查企业拥有的员工中技术人员比例偏低，平均仅为16.4%。

产后的包装贮藏等环节按照《绿色食品包装通用准则》（NY/T658-2002）和《绿色食品贮藏运输准则》（NY/T1056-2006），确保产品的包装、贮藏和运输环节符合标准。如包装要符合环保的要求，满足"3R"（减量化、重复使用、再循环）和"1D"（可降解）原则，绿色食品标志使用要求，贮藏管理人员对贮藏记录填写的完整性，保证产品可追溯性。

6.4 实施绿色食品认证对企业经济效益的影响分析

6.4.1 实施绿色食品认证对企业成本影响的描述性分析

农产品生产企业质量安全行为的研究文献中，将产品的成本分为产量成本和质量成本两大类。其中，质量成本是指企业为了提高农产品质量，实施农产品质量安全控制所产生的成本。本研究分析企业成本的变化主要是指企业实施绿色食品认证后质量成本的增加值。按照绿色食品管理标准和技术规范，企业增加的成本主要包括生产设施建设费用,认证、检测费用和人力成本,见表6.3。

表6.3　　实施绿色食品认证对企业成本的影响

单位:万元

生产设施建设费用	生产设备	408.80
	厂房基础设施改造	263.40
	生产环境改善	167.20
	检测设备	23.40
	卫生设备改造	21.70
认证、检测费用	认证费用	3.80
	检测费用	10.80
人力成本	培训费用	11
销售费用	广告宣传	86.50
	市场活动费用	156.30
	其他费用	64.40

6.4.1.1　生产设施建设费用

食品企业实施绿色食品认证对农产品的产地环境质量、卫生设施、厂房建设、包装和贮运等方面提出更高的要求。例如,根据绿色食品产地环境要求,包括空气环境质量、农田灌溉水质、土壤环境和土壤肥力等,对周边环境要进行改善,生产设施和生产设备按照技术要求进行设计及建设,检测设备和仪器必须符合绿色食品产品检验规则,包装的方式方法与材料的选择应该按照绿色食品包装通用准则等。如酱腌菜类企业要按照绿色食品酱腌菜标准(NY/T 437-2000)中对原料蔬菜、水和感官的要求进行质量把控,产品中食盐、总酸、氨基酸态氮等指标按照限定值控制含量。从对样本企业的调查数据看，企业实施绿色食品认证增加的生产设施建设平均总费用为885万元。其中，生产设备投入费用最高，平均为408.8万元，其余依次为厂房基础设施改造费用（263.4万元）、生产环境改善投入（167.2万元）、检测设备投入（23.4万元）、卫生设备改造投入（21.7万元）。

6.4.1.2 认证、检测费用

绿色食品的认证费用包括认证费和绿色食品标志使用费。对于不同的农产品收费标准不同，从对样本企业的调查数据看，企业平均支付的认证费用为3.8万元。绿色食品标准对农产品的检测有严格规定，实施绿色食品企业一般采取购置检测设备，配备专门的检测人员，实行自行检测。如绿色食品酱腌菜类的卫生要求包括砷、铅、亚硝酸盐等19种指标的测定方法和限定值，以及大肠菌群和致病菌的微生物检验限定值。并且对检验规则做了详细说明，包括抽样方法、型式检验、出厂检验和判定规则。从调查数据看，企业检测费用平均为10.8万元。

6.4.1.3 人力成本

企业实施绿色食品认证的过程中，人力成本方面的投入主要包括员工的培训费用、员工增加的薪金、新聘用技术人员和管理人员发生的费用与支付的工资等。为了保证产品质量合格，企业应对员工进行教育、培训和再培训。企业员工的流动性使得培训必须不断延续以保证所有员工都能理解绿色食品的价值，掌握绿色食品的生产标准。培训的内容包括绿色食品生产标准培训、食品卫生安全培训等。从对样本企业的调查来看，通过培训，员工生产操作的规范性和标准性得到提升，企业每年培训员工平均为600人次，包括对农户的培训，培训费用每年年均为11万元。在实施绿色食品认证的过程中，企业聘用专门的技术人员和管理人员主要安排在企业的生产部门或质量控制部门，负责产品质量控制，技术人员和管理人员的薪金构成食品企业人力成本之一。

6.4.1.4 销售费用

食品企业实施绿色食品认证之后，产品质量得到提升。为了提高产品的市场知名度和认可度，食品企业在广告宣传等方面加大了投入，如建立销售渠道、媒体广告宣传、超市陈列费、聘用专门销售人员等。这些费用应该包括在实施绿色食品认证的成本之中。据调查，在企业的销售费用中，广告宣传费用平均为 86.5 万元、市场活动费用平均为 156.3 万元、其他费用为 64.4 万元。食品企业年均增加销售费用为 307 万元。在调查中，企业管理者对销售环节极为重视，广告宣传对产品销售起到了重要作用。绿色食品具有较高社会效益，为了解决"市场失灵"的问题，政府应当承担绿色食品广告宣传的部分成本。

从以上对食品企业实施绿色食品认证后成本增加的情况来看，生产设施建设费用投入最大年均为 885 万元，其次分别是销售费用、人力成本、认证和检验检测费用。

6.4.2 实施绿色食品认证对企业收益影响的描述性分析

实施绿色食品认证后，食品企业获得的收益包括直接效益和间接效益。直接收益来源为产品销量的增加和产品销售价格的提高，间接收益为企业知名度的提升和产品认可度的扩大从而对企业带来的经济效益。收益的增量是企业实施绿色食品认证的直接动力。实施绿色食品认证对企业收益的影响主要表现在以下五个方面：

6.4.2.1 顾客满意度

顾客满意度反映的是顾客的心理状态，是指顾客对企业的某种产品或服务消费后所产生的感受与自己的期望进行的对比。心理学家把顾客满意度分为五个等级，包括很不满意、不满意、一般、满意和很满意。顾客对产品的满意度与企业市场占有率和企业经济效益呈正向相关关系。从调研结果看，42家样本企业表示实施绿色食品认证后顾客对产品的满意度提高。部分企业做的市场调研结果显示，消费者对产品消费后的反馈是：实施绿色食品认证后，消费者对产品的信赖程度增强，顾客满意度提高。这说明企业通过实施绿色食品认证，能够提高消费者对产品的信任度和满意度。

6.4.2.2 产品销售量

从样本企业实施绿色食品认证后的产品销售量变化看，90.9%的企业表示产品销售量增加，企业销售量平均提高了44%。其中，20%的企业表示销售量能够增加60%以上，32.5%的企业表示销售量增加了40%~60%，12.5%的企业表示销售量的增加在20%以内。这说明实施了绿色食品认证能够有效地增加企业的市场份额。

6.4.2.3 产品销售价格

有79.5%的企业认为绿色食品认证提高了产品的销售价格，其中77.1%的企业表示价格的上升幅度在30%以内。企业认为产品销售价格上升的原因，主要是获得绿色食品认证使"消费者对产品质量更加信任"，"消费者愿意为质量安全的产品支付较高价格"，"供不应求的现象时有发生"。20.5%的企业表示产品的价格没有发生变化。其原因主要是：①产品价格受到市场同类普通农产品供给与需求的影响，当普通农产品的市场价格下跌时，获得认证的农产品价格也难以上涨；②消费者怀疑绿色食品的产品质量，支付较高价格的意愿不高；③绿色食品的市场宣传力度不足。

6.4.2.4 企业经济效益

从样本企业问卷数据可以看出，88.64%的企业认为实施绿色食品认证对经济效益有影响。其中：65.91%的企业表示实施认证后经济效益提高，6.9%的企业的经济效益提高了50%以上，51.72%的企业表示效益提高了10%~30%，平均增加幅度为30.9%；11.36%的企业表示实施认证后经济效益不变；选择经济效益下降的企业主要原因为投入成本过高、产品销售量不足、企业内部管理效率较低等。因此，大多数企业通过实施绿色食品认证后其效益得到提高，对绿色食品认证评价较好。

6.4.2.5 其他效益

通过实施绿色食品认证，企业负责人表示给其企业带来的包括"提高企业知名度"、"增强企业实力"、"企业产品质量控制能力提高"、"企业产品市场占有率提高"等其他方面的效益。

6.5 企业实施食品质量控制机制分析

6.5.1 企业实施绿色食品认证的动机

在关于企业实施绿色食品认证的动机的调查中，97.7%的企业选择为了"提高企业产品知名度，扩大企业影响力"，93.2%的企业选择为了"确保产品质量安全"，90.9%的企业选择为了"企业获得更多利润"，79.5%的企业选择为了"满足消费者需求"，38.6%的企业选择为了"实现企业社会责任"，32.2%的企业选择为了"扩大国内市场份额"，10.4%的企业选择为了"增加出口"。从调查结果看，样本企业对绿色食品认证的动机从单纯追求利润最大化到提高企业产品知名度、品牌意识、企业社会责任意识的逐渐增强。被调查企业愈加认识到产品质量对企业生存以及企业进一步发展的重要性；同时，在市场竞争中，被调查企业表示同类产品的竞争逐渐由价格竞争转为产品质量竞争，实现产品差异化经营，以谋求企业的长期利益。

6.5.2 企业实施产品质量控制的瓶颈

在关于"企业实施产品质量控制面临的主要困难"的调查中发现，88.64%的企业认为"原材料质量控制难度大"，77.55%的企业认为"农户质量安全意识较低，管理难度大"，65.91%的企业认为"政府对企业在资金、技术等方面支持力度有限"，56.82%的企业认为"产品检测成本过高"，47.73%的企业认为"产品认证费用过高"，31.8%的企业认为"消费者对绿色食品的认知程度不高，需求不足"。

可以看出，目前绿色食品企业实施质量控制面临的主要困难是农户对原材料的质量控制问题，缺乏政府的有效支持以及检测和认证费用过高问题。这些问题不仅影响绿色食品质量安全水平的提升，也成为绿色食品企业实施质量控制行为的症结。

6.5.3 企业关于产品质量安全培训状况

被调查企业决策者认为，通过培训，员工能有效地理解和掌握绿色食品系列标准，生产操作过程更加规范。决策者对培训的作用表示肯定。被调查企业内部每年组织的质量安全管理相关培训次数平均为3.12次。培训的授课人员主要为政府农业部门的技术人员、与企业有合作关系的农业大学教师或农业科研机构研究人员、具有较高技术水平的同类企业技术人员以及企业内部技术人员。从培训效果看，34.1%的企业认为培训非常有效，61.4%的企业认为培训效果较明显，4.5%的企业认为培训效果不理想。培训效果不理想的主要原因为员工参与培训的积极性不高。

企业除了对内部员工的培训，还要对签约农户进行不定期的生产技术培训。对农户的培训方式主要以田间地头讲授，以及农户之间口口相传等方式。43.18%的企业认为对农户的培训效果显著。

6.5.4 企业对政府绿色食品实施质量控制作用的评价

政府对企业质量控制的作用主要表现在两个方面：一方面，政府通过加强监督、强化法律法规等方式改善企业质量安全管理；另一方面，当企业在平均质量成本最低点以下生产时，如果要保证农产品的质量，企业的生产成本大于收益，这时就需要政府的鼓励性支持（冯忠泽等，2009）。调查结果显示，样本企业对当地政府部门质量安全管理作用评价结果显示，认为作用"很显著"的占 34.1%，认为作用"比较显著"的占 65.9%。

关于"企业希望得到政府哪些方面的帮助来提高企业产品质量水平"的问题调查中，企业对政府的帮助需求主要体现在以下几个方面：①政府的政策支持，包括资金支持、技术支持和基础设施建设等方面，比如企业的融资问题、企业技术研发方面的不足；②希望政府加强对企业违规生产、掺假造假行为的惩罚力度，规范市场环境，实现绿色食品优质优价，形成绿色食品良性可持续发展格局；③希望获得政府关于产品检测和认证费用的补贴；④政府对绿色食品的市场宣传。企业表示广告宣传对绿色食品的销售有重要作用，有些中小型企业受到财力限制，无力在广告宣传上投入大量资金，因此希望得到政府在市场宣传方面的扶持和帮助。

6.5.5 企业对自身实施绿色食品内部质量控制效果评价

95.5%的样本企业认为实施绿色食品认证后，实施内部质量控制效果明显。效果主要表现在企业品牌价值提升、产品销量增加、企业知名度上升、产品顺利进入国际市场等方面，对企业实施质量控制产生正向激励作用。同时，实施质量控制导致的成本增加,80%的企业表示收益可以弥补。

6.6 企业实施绿色食品认证的绩效评价 ——以四川70家食用农产品企业为例

6.6.1 数据来源

本部分调研了四川省成都、绵阳、内江、南充、遂宁、巴中、达州、阆中、乐山、眉山、雅安、宜宾、资阳、泸州、自贡15个城市、19个市辖区、32个县,获得了全面、真实的一手数据。调研主要通过访谈和问卷的方式,对"粮食与粮食制品、蔬果、酒水、肉类、调味品"五大类主要绿色食品的73家生产企业进行了实地调查。其中,企业财务、客户、内部经营过程、学习与成长、社会与生态5个方面的维度绩效数据从企业财务报表和生产统计数据中获得具体数值。但由于样本企业财务数据涉及商业机密,取得存在难度,因此,本部分试图通过建立合理的调查量表来表征绿色食品认证的实施为企业带来的各方面绩效。

中国绿色食品近二十年来的发展表明,95%的企业使用绿色食品标志后经济效益有明显上升。因此,本部分根据调查企业实施绿色食品认证后的变化,结合本行业十余位专家的意见,建立企业实施绿色食品认证后各项指标变化幅度进行评级的9级制调查量表(见表6.4)。

表6.4 调查量表

评级	1	2	3	4	5
变化程度	明显差	较明显差	无变化	略微好	较明显好
变化范围	(−∞, −20%)	[−20%, −3%)	[−3%, 3%]	(3%, 10%]	(10%, 20%]

表 6.4（续）

评级	6	7	8	9
变化程度	明显好	比较好	十分好	绝对好
变化范围	(20%，35%]	(35%，50%]	(50%，80%]	(80%，+∞)

发放调查问卷 75 份，回收 71 份，问卷回收率为 97.26%。其中，有效问卷 70 份，无效问卷 1 份，问卷有效率为 98.59%。有效问卷中，粮食与粮食制品、蔬果、肉类、酒水、调味品 5 类绿色食品生产企业问卷各 14 份。因一家企业可能同时认证多种绿色食品，共调查绿色食品 87 种，其中初级产品 45 种、加工产品 42 种。

6.6.2 研究方法

6.6.2.1 指标体系的构建

单纯从语言学的角度来看，绩效包含有成绩和效益的意思。绩效用在经济管理活动方面，是指社会经济管理活动的结果和成效。绩效是一个组织或个人在一定时期内的投入产出情况，投入指的是人力、物力、时间等资源，产出指的是工作任务在数量、质量及效率方面的完成情况。

企业实施绿色食品认证的绩效，是指企业为成功实施绿色食品认证，在产前、产中、产后各个环节进行诸多改变，这些变化为企业带来的经济、社会、生态等各方面的综合效益。企业实施绿色食品认证是提升产品质量安全水平并以此赢得市场竞争的战略行为，本部分主要结合平衡记分卡对企业实施绿色食品认证的绩效展开分析。

（1）平衡记分卡

平衡记分卡（Balanced Score Card，BSC）自问世以来，在西方企业界得到了广泛应用，被《哈佛商业评论》评选为"过去 80 年来最具影响力的十大管理理念"之一。在后来的应用研究中，平衡计分卡理论不断得到发展改进，既是一种有效的战略管理工具，又是一种先进的绩效管理系统。

平衡计分卡系统有助于企业实施战略目标，帮助企业去寻找成功的关键因素，建立综合衡量的指标，以促使企业竞争的成功、战略目标的实现（朱厚任、杨善林等，2005）。平衡计分卡以企业的战略和远景规划为前提，建立起由四种基本指标（财务、顾客、企业内部流程、学习与成长）和若干个子指标所构成的综合指标体系。其核心思想是帮助企业组织将战略落实到行动，最终实现组织的战略目标。

（2）BSC 的基本框架

根据卡普兰和诺顿的研究，战略平衡积分卡指标体系主要由财务、客户、内部经营过程、学习与成长四个方面组成（刘植培，2004）。

战略平衡积分卡的财务、客户、内部经营、学习与成长四部分内容之间以及内部各指标之间均存在着一定的联系，关系结构图 6.1。

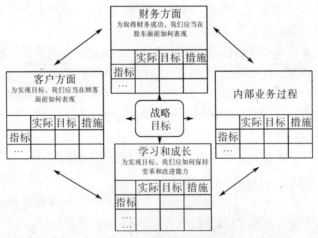

图 6.1 平衡记分卡架构图

(3)基于 BSC 的企业实施绿色食品认证的绩效模型

通过对四川省绿色食品生产企业调查访谈得知,企业实施绿色食品认证主要基于以下 11 项战略目标:增加营业利润、提高产品竞争力、开拓市场、提高员工素质、提高生产技术水平、提高企业核心竞争力、保证食品安全、提高人类身体素质、保护生态环境、优化资源组合、提高经营管理水平。见表 6.5。

表 6.5 企业实施绿色食品认证的战略目标体系

战略方向	战略目标	战略方向	战略目标
财务	增加营业利润	学习与成长	提高企业核心竞争力
			提高员工素质
客户	开拓市场	社会与生态	保证食品安全
内部经营过程	提高生产技术水平		提高人类身体素质
	提高经营管理水平		优化资源组合
	提高产品竞争力		保护生态环境

结合 BSC 进行具体分析,BSC 的维度和绿色食品企业的战略目标具有内在一致性。BSC 体系的覆盖范围与企业实施绿色食品认证的战略目标具有高度匹配性:①增加营业利润的绩效内容可纳入 BSC 体系中的财务维度;②开拓市场的绩效内容可纳入 BSC 体系中的客户维度;③提高生产技术水平、经营管理水平与产品竞争力可纳入 BSC 体系中的内部经营过程维度;④提高企业核心竞争力与员工素质可纳入 BSC 体系中的学习与成长维度。此外,企业实施绿色食品认证还能够给企业带来生态环保、造福社会的效应。在此基础上,将 BSC 原有的评价四维度进行扩展,将企业实施绿色食品认证的战略目标"保证食品安全、提高人类身体素质、优化资源组合、保护生态环境"纳入第五个"社会与生态"维度,针对企业实施绿色食品认证

绩效，创建包含"财务、客户、内部经营、学习与成长、社会与生态"五个维度的新的 BSC 绩效评价体系，构建出基于 BSC 的企业实施绿色食品认证的绩效模型，见图 6.2。

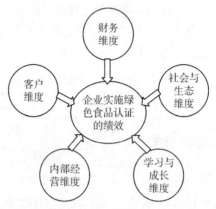

图 6.2　基于 BSC 的企业实施绿色食品认证绩效模型图

①财务维度。追求利润最大化是企业的必然选择。企业为实施绿色食品认证投入生产绿色食品产品所必需的人力、物力、财力，必然是为了获得更大利润。增加营业利润是绿色食品企业实施绿色食品认证的首要目标，从财务的角度对企业实施绿色食品认证的绩效进行评价，是绩效评价的重要内容。

一般而言，企业经济收益的增加取决于成本和收益两个方面，见图 6.3。从对企业实施绿色食品认证战略目标的分析可以看出，绿色食品的开发对产地和生产经营过程有严格要求，致使企业生产绿色食品的成本较之一般食品要高，绿色食品企业并没有将降低生产成本作为目标，而是期望在高投入的基础上获得更高的收入，增加产品附加值，从而获得较之生产一般食品更高的营业利润。所以，将"营业利润水平"作为财务维度的主要考核内容。

②客户维度。该维度回答的是"市场对绿色食品接受程度"

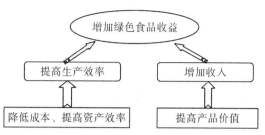

图 6.3 绿色食品收益决定图

的问题。在市场经济条件下,所有企业的成果都取决于客户,即由客户对绿色食品的接受程度来决定企业实施绿色食品认证的努力是转化为成果还是白白地耗费资源。因此,客户维度在 BSC 中占有重要地位。客户是绿色食品企业的利润来源,客户的感受理应成为企业的关注焦点,结合企业绿色食品认证的战略目标,将"市场开拓水平"与"客户满意程度"作为客户维度考核的主要内容。

③内部经营维度。企业内部的经营过程是绿色食品企业实现实施绿色食品认证战略目标的必要环节,内部经营过程贯穿从根据客户与市场需求开发绿色食品、进而按照绿色食品特定的生产方式到遵循绿色食品质量标准体系进行绿色食品的生产销售、提供绿色食品的售后服务的整个环节。企业内部经营管理水平的高低决定着绿色食品质量,决定着绿色食品生产在财务上的表现,也能够直接或间接地影响客户维度的绩效。结合企业实施绿色食品认证战略目标体系内容,将"生产技术水平""经营管理水平""产品竞争力"作为内部经营维度考核的主要内容。

④学习与成长维度。相对一般食品的生产经营,绿色食品有着一套非常严格的质量标准体系,对产前环节的环境监测和原料检测,产中环节的具体生产、加工操作规程的落实,以及

产后环节对产品质量、卫生指标、包装、保鲜、运输、储藏、销售的控制都有着极为严格的高标准要求。因此，绿色食品企业应该更为强调对未来发展的投资，必须在员工、体系和运作过程等基础设施上加强投资，提高企业的学习与成长能力。结合企业实施绿色食品认证战略目标体系内容，将"企业核心竞争力水平"与"员工素质水平"作为学习与成长维度考核的主要内容。

⑤社会与生态维度。企业实施绿色食品认证，除了追求经济效益、开拓生态农产品市场、提高内部经营水平、增强企业学习与成长能力等原因，更是顺应了转变农产品生产方式、走可持续道路发展绿色生态农业、为市场提供"环保、安全、健康"食品的时代发展趋势。因此，企业实施绿色食品认证必然带来生产一般食品所没有的社会生态方面的绩效。结合企业实施绿色食品认证战略目标体系内容，将"食品安全水平""人体健康受益程度""资源组合优化水平""生态环境保护程度"作为社会与生态维度考核的主要内容。

6.6.2.2 指标体系

根据绩效评价的财务、内部经营过程、客户、学习与成长、社会与生态五个维度，结合企业实施绿色食品认证的战略目标，对BSC体系的常用指标进行进一步的分析，构建企业实施绿色食品认证绩效评价指标体系，具体思路见图6.4。

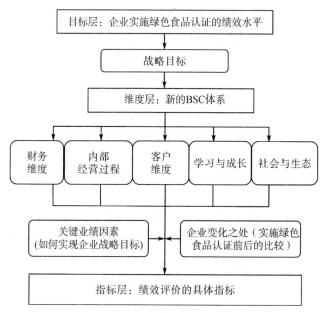

图 6.4 基于 BSC 的企业实施绿色食品认证绩效评价指标体系设计思路

企业实施绿色食品认证的绩效评价指标体系（见表6.6）由三个因素层构成：①目标层是本次绩效评价的目标对象；维度层是基于BSC基本框架的企业实施绿色食品认证绩效评价的五个维度；②指标层是立足企业为了成功实施绿色食品认证而采取措施、改进生产经营出现的变化之处，将绿色食品企业绩效五个维度主要考核内容分解成24项具体评价指标。

表 6.6　企业实施的绿色食品认证绩效评价指标体系

目标层	维度层	指标层	
企业实施绿色食品认证的绩效水平 A	财务 (B_1)	单位产品成本变化	C_1
		销售收入变化	C_2
		利润率变化	C_3
		内、外部损失成本变化	C_4
	客户 (B_2)	客户保持率变化	C_5
		新客户获得率变化	C_6
		市场占有率变化	C_7
		客户满意度变化	C_8
	内部经营过程 (B_3)	产品质量变化	C_9
		产品受检合格率变化	C_{10}
		产品生产周期变化	C_{11}
		认证产品比重变化	C_{12}
		保本时间变化	C_{13}
		资源组合对生产效率的影响	C_{14}
		科学技术应用水平变化	C_{15}
	学习与成长 (B_4)	培训次数与效果变化	C_{16}
		员工满意度变化	C_{17}
		生产监督检测能力变化	C_{18}
		信息系统能力变化	C_{19}
	社会与生态 (B_5)	生产加工对环境的影响	C_{20}
		生产"绿色"程度的变化	C_{21}
		对人体健康的影响	C_{22}
		一体化经营对社会成本的影响	C_{23}
		政府奖励支持	C_{24}

6.6.3　绩效评价

6.6.3.1　评价过程

基于"熵权"的模糊综合评价法，构建基于 BSC 的企业实施绿色食品认证的绩效评价实证模型。首先建立评价因素集，企业实施绿色食品认证的指标集为 X =（x_1，x_2，…，x_{24}）=（单位成本变化……政府奖励支持）（见表6.6）。然后建立评语集。根据企业实施绿色食品认证的实际情况，在本部分的综合评价中对每个指标设定九个级别的评语，各级别评语的赋值区间见表6.4。其次确定权重集，建立隶属度矩阵，生成模糊评价结果向量。

6.6.3.2 评价结果

（1）数据的标准化处理

采用前面介绍的极值法，将四川70家绿色食品企业的调查数据分为效益型与成本型，进行归一化处理，处理结果见附录。

（2）指标权重

依据前面介绍的方法，得到各个评价指标的权重，见表6.7。

表6.7 指标权重表

维度	维度权重	指标		指标权重
财务(B_1)	0.1038	单位产品成本变化	C_1	0.0184
		销售收入变化	C_2	0.0483
		利润率变化	C_3	0.0181
		内、外部损失成本变化	C_4	0.0190
客户(B_2)	0.1298	客户保持率变化	C_5	0.0213
		新客户获得率变化	C_6	0.0344
		市场占有率变化	C_7	0.0268
		客户满意度变化	C_8	0.0473

表6.7(续)

维度	维度权重	指标		指标权重
内部经营过程 (B_3)	0.2747	产品质量变化	C_9	0.0378
		产品受检合格率变化	C_{10}	0.0750
		产品生产周期变化	C_{11}	0.0080
		认证产品比重变化	C_{12}	0.0370
		保本时间变化	C_{13}	0.0111
		资源组合对生产效率的影响	C_{14}	0.0240
		科学技术应用水平变化	C_{15}	0.0818
学习与成长 (B_4)	0.2124	培训次数与效果变化	C_{16}	0.0367
		员工满意度变化	C_{17}	0.0756
		生产监督检测能力变化	C_{18}	0.0412
		信息系统能力变化	C_{19}	0.0589
社会与生态 (B_5)	0.2793	生产加工对环境的影响	C_{20}	0.0340
		生产"绿色"程度的变化	C_{21}	0.0516
		对人体健康的影响	C_{22}	0.0399
		一体化经营对社会成本的影响	C_{23}	0.0548
		政府奖励支持	C_{24}	0.0990

(3) 综合评价

运用Excel2007版软件进行计算，计算结果如下：

①总体评价

对四川70家企业实施绿色食品认证的绩效进行综合评价，运算结果见表6.8。

表6.8 企业实施绿色食品认证绩效的总体评价结果

评价对象 \ 项目	绩效水平
粮油制品类	0.4115
蔬菜瓜果类	0.4839
肉及肉制品类	0.3880
调料腌菜制品类	0.3914
其他	0.3714
绿色食品企业总体	0.4145

企业实施绿色食品认证绩效的总体评价结果为：

$U = WoR^2 = 0.4145$

分别对五类企业实施绿色食品认证的绩效评价，运算结果如下：

$U_1 = WoR_1^2 = (0.4115, 0.4839, 0.3880, 0.3914, 0.3714)$

根据 U_1 值，将五类绿色食品企业实施绿色食品认证后绩效进行排序（由大到小）：蔬菜瓜果类企业、粮油制品类企业、调料腌菜制品类企业、肉及肉制品类企业、其他企业。

②分维度评价

对企业实施绿色食品认证绩效进行分维度的评价，运算结果为（见表6.9）：

$U^2 = WoR^{1'} (0.4754, 0.4834, 0.4369, 0.3752, 0.4021)$

根据 U^1 值，对四川企业实施绿色食品认证时在财务、客户、内部经营过程、学习与成长、社会与生态五方面的维度绩效由大到小进行排序：客户维度、财务维度、内部经营过程维度、社会与生态维度、学习与成长维度。

表 6.9　企业实施绿色食品认证的综合评价结果

维度＼评价对象	绿色食品企业
财务	0.4754
客户	0.4834
内部经营过程	0.4369
学习与成长	0.3752
社会与生态	0.4021

将绿色食品企业分为五类，进行分维度评价：将各指标权重进行合并处理，得到各指标在"财务、客户、内部经营过程、学习与成长、社会与生态"五个维度中对应的权重，处理结果见表6.8。再根据前面介绍的模糊评价法，以五种类型的绿色食品数据为基础，按维度分类对绿色食品企业认证后的绩效进行综合评价，结果见表6.10。

表 6.10　按维度分类对企业实施绿色食品认证后的绩效的综合评价结果

评价对象＼维度	财务	客户	内部经营过程	学习与成长	社会与生态
粮油制品	0.4461	0.4342	0.4266	0.3822	0.3947
蔬菜瓜果	0.5185	0.4597	0.5312	0.4627	0.4600
肉及肉制品	0.5777	0.4056	0.4128	0.3005	0.3522
调料腌菜制品	0.4527	0.4011	0.4013	0.3344	0.3979
其他	0.4249	0.3597	0.3708	0.3312	0.3895

6.6.3.3　结果分析

某个指标的熵值越小、熵权越大，该指标向决策者提供的有用信息越多，对评价结果的影响程度就越大（刘艺梅，2008）。与未实施绿色食品认证时期相比，产品质量、新客户获得率、利润率、生产监督能力、市场占有率、生产"绿色程度"六个方面对企业实施绿色食品认证的绩效评价结果影响较大，而政府奖励支持、认证产品占销售总额比重、资源组合对生产效率的影响三个方面对企业实施绿色食品认证的绩效评价结果影响较小。

由评价结果和访谈绿色食品企业主要负责人得到的信息可知，四川企业实施绿色食品认证的绩效水平总体趋势向好，企业普遍反映通过绿色食品认证的实施获得了较好的绩效。在构成企业实施绿色食品认证绩效的五个维度下，将五类绿色食品企业实施认证后的绩效进行排序如下：

（1）财务绩效方面，由大到小的排序为：肉及肉制品类企业、蔬菜瓜果类企业、调料腌菜制品类企业、粮油制品类企业、其他类企业。

比较而言，肉及肉制品类企业的财务绩效最好，主要源于在单位产品成本变化、内外部损失成本变化和产品销售收入变化等指标上表现良好。其原因是：肉及肉制品类绿色食品企业规模较大，且有自己的生产基地或固定收购原料的签约农户群体，这给企业带来的内外部损失较小，认证后带来销售收入的大幅增长。而其他类企业的财务绩效较低，实施绿色食品认证后在单位产品成本变化和利润率变化指标中的绩效偏低，应采取有效措施控制产品成本，提高其他类企业的利润能力。

（2）客户绩效方面，由大到小的排序为：蔬菜瓜果类企业、粮油制品类企业、肉及肉制品类企业、调料腌菜制品类企业、其他类企业。

比较而言，蔬菜瓜果类企业的客户绩效最好，主要表现为在新客户获得率变化与市场占有率变化上获得较高的得分。可见，绿色食品认证为蔬菜瓜果类企业带来更多的新客户与更高的市场占有率。而其他类企业的客户绩效较低，主要是因为这些企业主要生产茶、酒、饮料、休闲食品等深加工食品，与初级农产品相比，其对生产设备的要求较高，需要追加大量投资，同时消费者对产品质量的改善可能难以感受。

（3）内部经营绩效方面，由大到小的排序为：蔬菜瓜果类企业、粮油制品类企业、肉及肉制品类企业、调料腌菜制品类企业、其他类企业。

比较而言，蔬菜瓜果类企业的内部经营绩效最好，主要表现为其在产品质量变化、认证产品销售额占销售总额比重变化、科学技术应用水平变化等指标项获得较高得分，认证的实施大大提高了蔬菜瓜果类食品的生产技术、规范化生产水平，为此类食品带来较认证之前明显的质量改观，在其产品结构中占据了较大的比重。而其他类企业的内部经营绩效偏低，主要是因为其在实施绿色食品认证过程中规范化生产、监测、管理的一系列工作还不到位，使其受检合格率与产品保本时间较实施绿色食品认证前的变化幅度较小。

（4）学习与成长绩效方面，由大到小的排序为：蔬菜瓜果类企业、粮油制品类企业、调料腌菜制品类企业、其他类企业、肉及肉制品类企业。

比较而言，蔬菜瓜果类企业的学习与成长绩效最好，主要表现为其在员工满意度变化、培训次数与效果变化、生产监测能力变化指标上获得较高得分。为了实施绿色食品认证，蔬菜瓜果类企业加大对从业人员的技术培训与指导，生产监测能力得到大幅提高，并且获得了较高的员工满意度。而肉及肉制品类企业的学习与成长绩效偏低，究其原因是多数肉及肉制品类企业沿用以前旧有的生产监测与信息沟通系统，实施绿色食品认证后这方面的绩效没有明显改善。

(5) 社会与生态绩效方面，由大到小的排序为：蔬菜瓜果类企业、调料腌菜制品类企业、粮油制品类企业、其他类企业、肉及肉制品类企业。

比较而言，蔬菜瓜果类企业的社会与生态绩效最好，主要是因为蔬菜瓜果类食品的主要生产者是广大分散的农民，企业为保证产品质量符合绿色食品认证要求，通常采取一体化经营模式，通过技术培训、专人监管等手段将单个的分散农户集中起来，按照绿色食品标准组织生产，有利于保护产地环境，促进农民增收，提高企业的社会贡献价值。而肉及肉制品类企业的社会与生态绩效偏低，主要源于其产品类型与产地环境的相关度并不如种植业那么密切，且肉及肉制品一直都有着相对严格的行业准入机制，因此其在对人体健康的影响、政府支持引导力度等方面的绩效较实施绿色食品认证前的变化幅度小。

6.7 小结

(1) 对绿色食品企业质量控制行为进行了研究。

首先，对样本企业基本情况进行了描述性分析。从企业对实施质量控制的态度，企业产前、产中和产后质量控制行为等方面分析了企业实施质量控制行为。其次，分析了企业实施绿色食品认证对企业经济效益的影响，其中企业成本的变化主要体现在生产设施建设费用和销售费用两方面增加最为显著。对企业收益的变化主要表现为：顾客满意度提高，产品销量增加，产品的销售价格的上升，企业经济效益提高，以及提高企业知名度、增强企业实力等方面。

(2) 对企业实施质量控制管理机制进行了分析。企业实施绿色食品认证的动机主要是为了提高企业产品知名度，扩大企业影响力。企业实施产品质量管理的最大瓶颈是原材料质量控制难度大。绝大多数企业认为实施产品质量培训对提高产品质量有积极作用，企业对政府绿色食品质量管理作用的评价为显著，企业对自身实施质量控制效果良好。

（3）对企业实施绿色食品认证的绩效进行了评价。运用模糊综合评价方法，采用平衡记分卡体系构建企业实施绿色食品认证绩效评价指标体系，将绿色食品企业绩效 5 个维度主要考核内容分解成 24 项具体评价指标，构建基于平衡记分卡的企业实施绿色食品认证的绩效评价实证模型。评价结果反映：四川企业实施绿色食品认证的绩效水平总体趋势向好，企业普遍反映通过绿色食品认证的实施获得了较好的绩效。并且对构成企业实施绿色食品认证绩效的 5 个维度下的不同类型企业绩效进行了排序，其中财务绩效方面的肉及肉制品类企业绩效最好，其他 4 个维度中均是蔬菜瓜果类企业绩效最好。

7 绿色食品企业实施质量控制行为影响因素分析

行为发生、演化及相互作用的原理，是一系列行为过程、行为方式和行为关系的总称。本部分主要从企业普遍的行为表现中总结抽象出企业实施绿色食品质量控制行为的影响因素。

7.1 绿色食品企业实施质量控制行为影响因素理论分析

7.1.1 绿色食品企业实施质量控制行为决策机理分析

决策科学诞生于20世纪40年代，目前已经深入到各个领域各行各业，日常生活中人们要面对不同情况做出大量的决策。决策科学认为，决策是决策者对行为目标或手段的探索、判断、评价直至最后选择的全过程。决策的核心是制订行动方案，即在若干可供选择的方案中做出抉择，选取最优方案。企业决策是指企业为了实现特定经营目标，借助一定的科学手段和方法，从多个方案中选择一个最优方案并组织实施的过程。Barnard（1938）和Simon（1947）指出，企业选择受到多种"限制"因素，这些"限制"因素限定了企业决策的备选范围及企业从备选范围中选择的理性程度。因此，企业的选择是在各种限制因素下的"有限理性"。也就是说，当企业在面对和做出选择时，并不是"完全理性"的状态，只是在当前各种限制条件下，做出对自己最有利的选择。

企业做出一项新的决策，主要源于对新问题的发现和认知。对新问题的发现和认知可能产生于以下两种情况：①由于信息时滞和人的认知能力的限制，现实情况确实发生了改变，从而出现了新的问题，需要进行新的决策；②现实情况没有发生改变，但是由于企业家理念发生了改变，发现新的问题，需要进行新的决策。第一种情况是根据新出现的信息所做的调整；第二种情况是由于企业家自身观念发生改变形成的，但企业家自身观念的改变是由于自己对先前各类信息反馈的结果。新决策的制定源于对新问题的发现和认知，新问题的发现和认知又取决于各类信息的综合作用与影响，在这个过程中信息的获取能力与获取后的对信息的认知能力极为重要（见图7.1）。

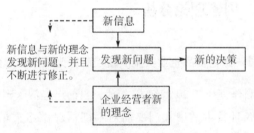

图 7.1　决策制定的动态过程

绿色食品企业实施质量控制行为决策，来源于政府对食品安全重视程度的提高和消费者对食品质量的要求不断提高。我国 2009 年 6 月颁布并实施了《食品安全法》。2010 年 2 月，国务院设立国务院食品安全委员会。其主要职责为负责分析食品安全形势，研究部署、统筹指导食品安全工作，提出食品安全监管的重大政策措施，督促落实食品安全监管责任。2012年7月国务院明确地方政府在食品安全中的重要作用，并将考核结果纳入地方负责人综合考核评价。2013年3月，《国务院机构改革和职能转变方案》决定：组建国家食品药品监督管理总局，将生产、流通、消费环节的食品安全实施统一监督管理。在地方层面，设立地方食品安全委员会，协调本级卫生行政、农业行政、质量监督、工商行政管理、食品药品监督管理部门分工监管食品安全。在政府不断加强食品安全监管力度的社会环境下，食品企业经营者实施食品质量安全控制主动性增强，从而做出实施质量控制决策。同时，食品企业经营者感受到来自消费者提高产品质量要求的压力，促使企业经营者形成实施产品质量安全控制的理念，做出实施食品质量控制的决策。最后，可能是由于技术进步发现现有的某个生产环节存在质量不合格的隐患，从而改进生产工艺，提高食品质量安全水平。

按照经济学中理性人的假设，企业作为理性经济人，其生产经营的动机是获得利润最大化，企业实施质量安全控制的决策受到企业追求利润最大化目标的影响。理性的企业在决策是否按照绿色食品系列标准实施食品质量控制的过程中，首先要进行成本和收益分析，其次要考虑政府监管因素，即如果企业未实施质量安全控制被政府发现后必须承担的处罚成本。企业实施食品绿色食品标准质量控制的成本主要包括人力资本投入、生产设施建设费用、产品检测费用、认证费用和监管费用等。企业获得的收益主要来自于市场有效需求增加带来的收益的增加。对绿色食品生产企业而言，在综合成本和收益以及政府对违规生产的惩罚等因素之后，做出是否实施质量控制的决策，并且采取相应的企业行动方案。绿色食品企业在决定是否实施质量控制的过程见图7.2和图7.3。

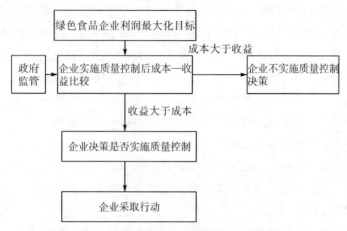

图 7.2 绿色食品企业实施质量控制决策流程图

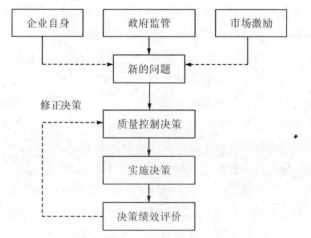

图 7.3 绿色食品企业实施质量控制决策机理

7.1.2 绿色食品企业实施质量控制决策激励机制分析

从已有的文献关于激励机制的研究看，激励包括显性激励和隐形激励。对于绿色食品企业而言，实施产品质量控制决策的显性激励包括：①国家有关食品安全的法律法规。②绿色食品发展相关政策、标准体系，包括政府对绿色食品企业的支持政策、奖励机制，绿色食品企业必须遵循的绿色食品标准体系。③政府监管。政府相关部门对企业生产行为的监管，即各级食品药品监督局、农业部门绿色食品发展中心等部门对企业生产行为和产品质量的监管。见图7.4。

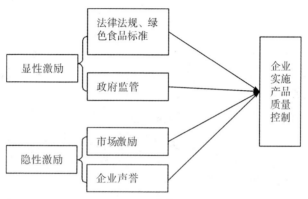

图7.4 绿色食品企业实施质量控制激励机制作用机理

对于绿色食品企业而言，实施产品质量控制的隐性激励包括：①市场激励作用。对于绿色食品企业，市场的激励作用表现为：消费者以增加购买量和愿意支付高的价格的形式对绿色食品企业产品质量控制行为的激励。主要表现为：消费者满意度的提高，消费者需求量增加，优质优价，从而使得企业获得更大的市场份额，企业知名度提高，销售量增加，企业获取更多经济利益。确保企业获利的前提条件是食品（农产品）质量安全。②声誉机制。企业良好的声誉能够带给企业长远预期收益，因此企业经营者十分在意企业声誉，从而提供质量合格的食品。Kirchhoff（2000）研究发现，对于信用品面临的信息严重不对称问题，生产者有建立高质量信誉机制的动力。Cluskey & Loureiro（2005）研究表明，产品的质量无法观察时，企业声誉对消费者是否购买非常重要，因为消费者只愿意为他们信任的产品支付更高的价格。国内学者对声誉机制的研究主要有：黄群慧等（2001）认为，企业经营者追求良好声誉是追求长期利益最大化的结果。肖条军等（2003）提出，企业与消费者之间进行多阶段博弈时，声誉的作用很大。良好声誉意味着未来有较高的效用。周洁红（2005）研究表明，消费者在选择蔬菜时，零售商的声誉排在第二位。从现实市场看，声誉在信用品市场发挥着重要的作用。从食品质量信息获取的难易程度看，绿色食品就是一种信用品。绿色食品企业良好的声誉能够有效提高消费者对绿色食品的信任程度，信任程度的提高会使消费者增加对绿色食品的消费量，增强对绿色食品较高价格的支付意愿，绿色食品企业实现优质优价以及市场份额的扩大。这种良性循环对企业质量控制行为产生正向激励，激励企业实施严格的质量安全控制，保证食品质量安全。

7.1.2.1 国家食品安全法律法规和绿色食品标准的激励机制

国家食品安全相关法律法规和绿色食品标准对控制食品安全产生显性激励。消费者在消费食品的过程中，权益受损的消费者可以针对所受到的损害向法院提起诉讼，法院确认消费者是否受到损害，做出企业赔偿的判定。法律可以把企业的违规操作行为对消费者造成损害的成本内部化，激励企业提供安全的食品。目前，我国公布并实施的食品安全相关法律法规包括《中华人民共和国食品安全法》、《中华人民共和国农产品质量安全法》、《绿色食品标志管理办法》以及各省市出台的相关条例，如四川省的《食品安全法实施条例》等。我国绿色食品相关标准包括《绿色食品标准导则》、《绿色食品农药使用准则》、《绿色食品肥料使用准则》、《绿色食品添加剂使用准则》、《绿色食品产地环境技术条件》和《绿色食品产地环境调查、检测与评价导则》。

7.1.2.2 政府监管的激励机制

从历史来看，政府干预政策一直是农业发展的重要工具。政府监管主要体现为食品监管部门与食品生产者之间的博弈行为。徐金海（2007）指出，政府检查的程度与食品企业违规的程度之间存在内在联系。政府监管包括政府对产品从原料产地环境到生产过程再到流通环节，以及最终成品是否符合绿色食品标准进行的一系列检测、抽查等监督行为。隶属农业部的绿色食品发展中心以及各省绿色食品发展中心，专门负责绿色食品质量检测，以及对企业违规操作和提供不合格食品采取的一系列惩罚措施。政府监管是政府以制裁手段对企业的一种强制性限制，是一种显性激励。针对绿色食品生产者而言，政府监管迫使企业按照绿色食品标准进行食品生产和加工，以避免违规操作被政府发现后实施惩罚。

7.1.2.3 市场的激励机制

企业与消费者之间多次博弈中获得的良好声誉，可以为企业带来长期预期收益。企业为了在消费者心目中获得良好的声誉，对按照获得产品信息的难易程度分类具有信用品特征的产品，即消费者与企业之间存在信息不对称问题，企业可以通过向市场提供关于食品安全的真实信息来解决，这是一种隐性激励。对于获得绿色食品认证的企业，其产品包装上的绿色食品标志，就是向消费者表明产品质量符合绿色食品标准的信息，也就是产品质量安全信息。这种产品安全信息对企业的声誉有积极作用。绿色食品企业的产品质量控制行为受政府有关部门的监管，对不符合绿色食品标准的企业取消其使用绿色食品标志，并且公布企业信息，这将直接对企业声誉带来负面影响，进而产品销量大幅度下滑，给企业带来致命打击。市场激励机制促使企业实施产品质量安全控制决策。市场激励可以通过消费者满意度、产品销售价格、企业成本收益变化、产品销售量和企业经营者感受到消费者关于产品质量安全要求的压力感受来表示。

7.1.2.4 企业声誉的激励机制

声誉一般是指名声、荣誉、信誉。根据 Kreps & Wilson (1982) 对声誉的描述，声誉是一种认知。从交易双方信息不对称来分析，声誉对具有信息优势的一方来说，是为了获得交易的长期利益而向信息劣势的交易另一方所做的一种承诺。Akerlof（1970）认为，良好的企业声誉或者产品声誉，将有助于减少逆向选择的发生，有利于提高消费者对企业提供产品质量的预期。

声誉的激励机制属于隐性激励。企业在与消费者长期博弈过程中，消费者会根据企业的声誉来决定是否购买其产品，因此，声誉影响未来的交易机会（David M. Kreps, 1990）。张维迎（2003）认为，在信息化时代，企业基于对未来长期利益的顾虑，更加看重声誉，尤其是大型企业、知名企业避免零散个体可能出现的以机会主义策略攫取不当得利的"一锤子买卖"。吴元元（2012）认为，声誉对解决食品市场信息不对称问题尤其是针对信用品市场，成为对机会主义策略的有效约束机制。一旦食品企业遭遇声誉机制的负面评价，消费者会选择"用脚投票"，企业收益丧失殆尽。绿色食品企业多数属于国家级、省级或者市级龙头企业，甚至属于地方政府重点扶持发展的农业企业，企业经营者看重企业长期发展，良好的声誉评价对企业未来的发展至关重要。因此，声誉的激励机制对绿色食品企业实施质量控制有着积极的影响作用。

7.1.3 绿色食品企业实施质量控制行为影响因素分析

根据前文对绿色食品企业实施质量控制行为的决策机制分析以及企业在决策过程中激励机制发挥作用的分析的基础上，纵观国内外关于食品企业质量控制行为的研究文献，绿色食品企业实施质量控制行为的影响因素主要有以下几个方面：

7.1.3.1 企业自身特征

企业自身特征反映了企业对实施质量控制行为具有的基本特征。周洁红（2007）认为，企业自主检验和控制质量过程中，企业管理者或企业主个人的决策对企业的决策行为有很大程度的影响。张利国（2010）调查发现，一些取得食品质量安全认证的企业出现质量监管漏洞，获得食品质量安全认证企业出现产品质量达不到认证标准要求的现象。这些因素受企业管理者个人决策行为的影响。绿色食品企业自身特征对实施产品质量控制的影响主要表现在两个方面：①企业对实施质量安全控制的态度；②企业提升质量安全控制水平的意愿。具体来看，绿色食品企业对实施产品质量控制的态度，是指企业管理者或经营者对绿色食品安全控制的评价。企业经营者对质量控制的评价越高，实施质量控制的态度越积极，企业提升质量安全控制水平的意愿越强烈。因此，选取"企业管理者对食品安全的重视程度"、"企业管理者受教育年限"以及"企业规模"作为反映企业自身特征的具体衡量变量。

7.1.3.2 显性激励机制产生的影响因素

显性激励机制对绿色食品企业实施质量控制行为产生的影响因素主要是指政府监管。政府监管从"政府监管力度"和"政府惩罚力度"两个方面影响绿色食品企业质量控制行为。前文中提及的食品安全相关法律法规的制定和颁布以及绿色食品标准的制定均可以归入政府监管的范围。

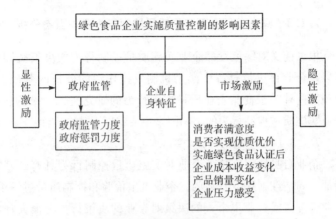

图 7.5　绿色食品企业质量控制行为影响因素

食品企业是理性经济人，以追求利益最大化为目标。这一目标与控制产品质量的目标在有些情况下会相矛盾，因此，需要对企业行为加以约束。政府监管就是对企业生产行为从外部环境上的约束。政府监管包括三种方式：第一种方式是事前监管，主要包括国家关于食品安全的相关法律法规，中国绿色食品发展中心对绿色食品制定和颁布的系列标准。比如，农业部对绿色食品生产标准的一系列强制性规范和标准。第二种方式是过程监管，是指对绿色食品企业生产过程进行监控。如检查绿色食品企业是否严格按照绿色食品标准从原料产地、生产到流通环节进行质量控制。第三种方式是事后处罚，即对违规产品和生产者实施的处罚措施。比如，通过取消标志使用权、禁止销售、罚款等形式对质量不合格的绿色食品进行处罚，强制企业将问题食品召回，通过法律诉讼以惩罚方式对因使用不合格食品导致健康受损的消费者给予赔偿。政府对违规生产的惩罚力度对绿色食品企业有警示作用，能够促进企业实施质量控制行为。

7.1.3.3 隐性激励机制产生的影响因素

隐性激励机制产生的影响因素主要是指市场激励，市场激励从"消费者满意度"、"是否实现优质优价"、"实施绿色食品认证后企业成本收益变化"、"产品销量变化"、"企业压力感受"和"企业对声誉机制的认知程度"六个方面体现对绿色食品企业质量控制行为产生的影响。具体分析，食品企业通过实施绿色食品认证提高产品质量，消费者满意度提高，有利于实现优质优价，产品销量增加，企业市场份额扩大，产品市场占有率上升，企业经济效益提高。消费者对食品安全要求的压力将对企业质量控制行为产生影响。企业经营者对声誉机制的认知程度直接影响其生产经营活动，对声誉机制认知程度较高的企业经营者能够自觉维护企业的良好声誉，从而更加主动实施产品质量控制行为。

7.2 绿色食品企业实施质量控制行为影响因素实证分析

7.2.1 数据来源及样本特征

从收回的有效样本44家企业的数据看，样本企业的基本特征在本研究第五部分已有说明，本部分仅做补充说明。

（1）企业自身特征。44位企业管理者受教育程度调查结果显示，1名企业管理者的最高学历为博士学历，21位为大专及本科学历，16位为高中或中专学历。企业管理者对食品安全都表示关注，其中11人对食品安全关注程度非常高，27人比较关注食品安全。

（2）政府监管特征。政府对食品安全的监督力度调查中，9

家企业认为政府监管力度很严格,29家企业认为政府监管力度比较严格。政府对生产操作违规、产品质量不合格企业惩罚力度调查显示,3家企业认为惩罚非常严格,37家企业认为惩罚比较严格。

(3)市场份额变化和企业对声誉机制作用的认知程度。企业获得绿色食品认证后,41家企业的消费者满意度得到提高,2家企业消费者满意度没有变化。从产品是否实现优质优价的调查结果显示,9家企业的产品完全实现了优质优价,27家企业的大部分产品实现优质优价,8家企业产品没有实现优质优价。33家企业认为实施质量控制后收益远大于成本,11家企业表示收益刚好能够弥补成本。从企业实施质量控制后的销售量来看,41家企业销售量增加,3家企业销售量变化不大。企业均表示感受到来自消费者对食品质量要求的压力,其中38家企业表示压力非常大。针对企业经营者关于声誉制度对企业发展的作用,所有样本企业均认为重要,其中27.27%的企业认为比较重要,63.64%的企业认为非常重要。

7.2.2 模型构建及变量选择

企业实施质量安全控制是多种影响因素共同作用的结果。为了进一步验证这些因素的影响是否显著,本研究构建绿色食品企业质量控制行为决策的函数。其理论模型的形式如下:

$$F_i = F(E_i, G_i, M_i) + \mu_i \quad (7.1)$$

式中,F_i为第i个绿色食品企业对实施扩大质量安全控制的决策,E_i为企业自身特征变量,G_i为政府监管对企业影响作用变量,M_i为市场激励对企业影响作用变量,μ_i为随机误差项。

根据理论函数,实证分析过程中需要使用的变量有:

(1)因变量:企业在绿色食品生产过程中是否实施扩大质量安全控制决策为因变量,分别为"是"和"否"两个选择,分别取值为 1 和 0。

（2）自变量：根据前文对绿色食品企业实施质量控制行为的影响因素的理论分析，自变量主要包括三组。第一组为企业自身特征，包括"企业规模"变量、"企业管理者受教育年限"变量、"企业管理者对食品安全的重视程度"变量。第二组为显性激励机制产生的影响因素，即政府监管，包括"政府质量监管力度"变量和"政府惩罚力度"变量。第三组为隐性激励机制产生的影响因素，即市场激励，包括"消费者满意度"变量、"是否实现优质优价"变量、"实施绿色食品认证后企业成本收益变化"变量、"产品销量变化"变量、"企业压力感受"变量、"企业对声誉机制的认知程度"变量。对具体的自变量说明如下：

（1）企业规模。从国内外已有的相关研究文献可以看出，企业规模对企业是否实施食品质量安全控制行为有影响作用。一般而言，较大规模的企业拥有雄厚的资金和先进的技术水平，更加注重产品质量水平，有利于实现质量控制的目标。本研究所涉及的绿色食品企业均为传统技术生产企业，选择企业雇佣员工数量作为衡量企业规模大小的指标。

（2）企业管理者受教育年限。已有研究表明，企业管理者的受教育年限越长，越能意识到产品质量是维系企业生存发展的重要筹码，其对实施产品质量控制的效用评价更高。

（3）企业管理者对食品安全的关注程度。企业管理者作为企业的重要决策人，其行为和意识直接影响企业生产行为。企业管理者对食品安全的关注程度越高，对企业质量控制越重视。

（4）政府质量监管力度。政府作为食品质量安全的监管者，政府部门依法严格监管，对企业的质量控制行为有强制作用。

（5）政府惩罚力度。惩罚属于政府事后监管，惩罚不合格食品生产企业对食品企业的威慑作用与惩罚力度相关，惩罚力度越大，威慑力越强，企业实施质量控制的可能性越大。

(6)消费者满意度。根据经济学中效用的概念,消费者对商品愿意支付的价格与该商品对消费者的效用大小正相关,消费者对绿色食品满意度的提高有利于促进绿色食品实现优质优价,扩大企业市场份额。企业产品质量控制行为有利于提高产品质量安全水平,产品质量安全水平提高使得消费者满意度提高。

(7)是否实现优质优价。绿色食品系列标准要求规范严格,在生产加工过程中投入的人力和物力远多于普通农产品,因此绿色食品能否实现优质优价对企业生产积极性有影响作用。

(8)实施绿色食品认证后企业成本收益会发生变化。企业实施绿色食品认证,加强产品质量控制将使企业成本上升。如果收益不能弥补成本,企业为了保证正常运行,可能会采取降低质量控制水平以降低成本;反之,如果收益远远高于成本,企业更加积极地实施质量控制。

(9)产品销量变化。产品销量增加是来自企业外部的市场激励,能够激励企业提高产品质量安全水平。

(10)企业压力感受。绿色食品的销售目标群体一般是对食品质量安全要求较高的消费者。企业对来自消费者食品质量安全要求的压力感受直接影响企业经营者的决策。企业的压力感受越大,企业实施质量安全控制决策的主动性更强。

(11)企业对声誉机制的认知程度。企业经营者关于声誉对企业发展的重要性认识越深刻,越会积极实施产品质量控制,以保证食品质量,提升消费者满意度,保持企业良好声誉。

因此,绿色食品企业实施质量安全控制的回归模型如下:

$$\mathrm{Ln}\left(\frac{P_i}{1-P_i}\right) = \beta_0 + \beta_i X_i + \cdots + \beta_n X_n + \varepsilon \tag{7.2}$$

式中,P_i为绿色食品企业实施扩大食品质量安全控制决策的概率,β_0为常数项,ε为常数项,β_i为回归系数,X_i为自变量。自变量说明见表7.1。

表7.1 模型变量设定

变量名称	变量含义	变量定义	均值	预期方向
1. 企业自身特征				
企业规模（X_1）	企业雇用人数	1=100人及以下，2=101~300人，3=301~500人，4=501~800人，5=800人以上	2.23	+
企业管理者受教育年限（X_2）	企业管理者受教育年限	1=6年及以下，2=7~9年，3=10~12年，4=13~16年，5=17年以上	3.36	+
企业管理者对食品安全的重视程度（X_3）	企业管理者对食品安全的重视程度	1=不重视，2=一般，3=比较重视，4=很重视	3.11	+
2. 政府监管				
政府监管力度（X_4）	政府对企业质量控制的监管力度	1=不严格，2=一般严格，3=比较严格，4=很严格	3.07	+
政府惩罚力度（X_5）	政府对企业违规操作的惩罚力度	1=惩罚不严格，2=惩罚比较严格，3=惩罚非常严格	2.00	+
3. 市场激励				
消费者满意度（X_6）	消费者满意度的变化	1=满意度下降，2=满意度没有变化，3=满意度上升	2.91	+
产品是否实现优质优价（X_7）	产品销售价格是否高于普通农产品	1=不能实现优质优价，2=大部分能够实现优质优价，3=所有产品均实现优质优价	2.02	+
实施绿色食品认证后企业成本收益变化（X_8）	企业增加质量控制投入收益能否弥补成本	1=收益不能弥补成本，2=收益刚好弥补成本，3=收益远大于成本	2.75	+
产品销量变化（X_9）	产品销量的变化	1=产品销量下降，2=产品销量没有变化，3=产品销量上升	2.93	+
企业压力感受（X_{10}）	企业感受到消费者对产品质量安全要求的压力	1=没有压力，2=压力不太大，3=压力有点大，4=压力很大	2.90	+
企业对声誉机制的认知程度（X_{11}）	企业经营者关于声誉机制对企业影响作用的认知程度	1=不重要，2=一般重要，3=比较重要，4=很重要	3.55	+

7.2.3 研究假说

根据前文从理论上对绿色食品企业实施质量控制行为影响因素的分析，提出以下假说：

(1) 企业自身特征对企业实施质量控制行为有影响。

H7.1.1：企业规模与企业实施质量控制行为呈正相关。

H7.1.2：企业管理者受教育年限与企业实施质量控制行为呈正相关。

H7.1.3：企业管理者对食品安全的重视程度与企业实施质量控制行为呈正相关。

(2) 政府监管对企业实施质量控制行为有影响。

H7.1.4：政府监管力度与企业实施质量控制行为呈正相关。

H7.1.5：政府惩罚力度与企业实施质量控制行为呈正相关。

(3) 市场激励对企业实施质量控制行为有影响。

H7.1.6：消费者满意度与企业实施质量控制行为呈正相关。

H7.1.7：产品是否实现优质优价与企业实施质量控制行为呈正相关。

H7.1.8：实施绿色食品认证后企业成本收益变化与企业实施质量控制行为呈正相关。

H7.1.9：产品销售量变化与企业实施质量控制行为呈正相关。

H7.1.10：企业压力感受与企业实施质量控制行为呈正相关。

H7.1.11：企业对声誉机制的认知程度与企业实施质量控制行为呈正相关。

7.2.4 实证分析结果及讨论

运用SPSS19.0统计软件对样本数据进行了Logistic回归分

析。分析结果见表7.2。

表7.2 模型回归结果

	B	Wald	Exp（B）
常量	48.768	1.972	0.003
1. 企业自身特征			
企业规模（X_1）	1.074	2.176	2.927
企业管理者受教育年限（X_2）	0.512*	0.680	0.599
企业管理者对食品安全的重视程度（X_3）	2.078	3.649	7.991
2. 政府监管特征			
政府监管力度（X_4）	1.497	2.272	4.469
政府惩罚力度（X_5）	0.595**	0.204	0.552
3. 市场激励特征			
消费者满意度（X_6）	0.390	0.037	1.477
产品是否实现优质优价（X_7）	0.114**	0.016	0.893
实施绿色食品认证后企业成本收益变化（X_8）	1.647**	0.298	5.189
产品销量变化（X_9）	2.973*	0.023	1.274
企业压力感受（X_{10}）	-0.021	0.020	0.979
企业对声誉机制的认知程度（X_{11}）	0.032	0.039	0.982
卡方	14.810		
显著度	0.000		
预测准确率	88.34%		

表7.2(续)

	B	Wald	Exp（B）
−2 对数似然值	29.774		
Nagelkerke R^2	0.449		

注：**、* 分别表示在 0.05、0.10 水平上统计显著。

从回归结果看，"企业管理者受教育年限"、"政府惩罚力度"、"产品是否实现优质优价"、"实施绿色食品认证后企业成本收益变化"和"产品销量变化"五个变量通过了显著性检验，其余变量均未通过检验，与预期有不同之处。

（1）企业自身特征中，"企业管理者受教育年限"对实施质量安全控制行为有正向显著性检验，假说 7.1.2 成立。说明企业管理者的受教育程度对其经营管理行为有重要影响作用，受教育程度越高的企业管理者更能意识到产品质量安全与企业生存发展之间的相关关系。"企业规模"未能通过显著性检验，与部分学者的研究结果不一致。可能有两个方面的原因：①本部分样本企业数量较少仅为 44 家，影响了研究结果；②本部分样本企业以中型规模企业为主，企业按季节临时雇佣员工现象较为普遍，可能影响了研究结果。

（2）政府监管特征中，"政府惩罚力度"对企业实施质量安全控制行为有正向显著影响，假说 7.1.5 成立。表明高额的惩罚机制，对促进企业实施质量控制有积极作用。我国《食品安全法》第九十六条规定："生产不符合食品安全标准的食品或者销售明知是不符合食品安全标准的食品，消费者除要求赔偿损失外，还可以向生产者或者销售者要求支付价款 10 倍的赔偿金。"从消费者的角度考虑，购买食品的价格一般不太高，消费者能够获得的企业 10 倍的赔偿金远低于向检验检测部门支付的检测费用，消费者往往只能放弃索赔。另外，即使消费者索赔成功，10倍货值的赔偿金对于企业的违规操作获得的巨额收益而言，仍然只是九牛一毛，根本不足以威慑企业。从实证结果看，提高惩罚力度对促进企业实施产品质量控制有着积极的作用。

（3）市场激励特征中，"产品是否实现优质优价"对企业实施质量安全控制行为有正向显著影响，假说7.1.7成立。只有绿色食品生产成本高于普通农产品、优质优价，才能保证企业获得较高利润，进而继续生产。"实施绿色食品认证后企业成本收益变化"对企业实施质量安全控制行为影响显著，假说7.1.8成立。企业实施质量安全控制后成本增加，如果企业收益大于成本，有利可图，企业将继续实施安全质量控制行为。"产品销量变化"对企业实施质量安全控制行为影响显著，假说7.1.9成立。产品销量的增加是市场向企业发出的一个积极信号，说明产品受到消费者的青睐，从而使得企业有更加积极的态度实施质量控制。

7.3 小结

本部分以四川44家获得绿色食品认证的企业为样本，从企业的角度，对其生产、加工过程中实施产品质量控制的决策机制、激励机制、影响因素等问题进行了实证研究。

通过对绿色食品质量控制行为的决策过程以及影响因素分析，结果表明，绿色食品企业实施质量控制的决策是在政府加强食品安全监管的社会环境下，消费者对食品安全重视程度不断提高的需求现状下，企业经营者自身食品安全意识增强，从而做出实施产品质量控制决策。绿色食品企业实施质量控制的激励机制包括显性激励和隐性激励两个方面。其中，显性激励包括食品安全相关法律法规、政府监管力度和绿色食品标准三个方面。隐性激励包括市场和企业声誉两个方面。显性激励和隐性激励共同作用促使企业实施产品质量控制。绿色食品企业实施质量控制的影响因素从理论上分析包括企业自身特征、政府监管和市场激励三个因素。

通过对绿色食品企业质量控制行为影响因素的实证研究，结果表明，"企业管理者受教育年限"、"政府惩罚力度"、"产品是否实现优质优价"、"实施绿色食品认证后企业成本收益变化"和"产品销量变化"五个变量对企业实施产品质量控制行为有显著影响。

8 绿色食品企业与农户的合作行为分析

传统经济学意义上的合作意味着利己主义者之间的互助行为，典型的例子就是卢梭的"狩猎"逻辑：猎人通过相互协调各自的狩猎行为，两个猎人的合作回报可以多于两人单独狩猎的总和，即每一个猎人都能从合作中得到一个收益增值。因此，合作是能够被协调和被预期的（Moulin，2011）。

8.1 绿色食品企业与农户之间契约的形成

"企业+农户"是农业产业化的主要形式之一，使广大分散的农户与农产品加工企业共同组成"利益共享，风险共担"的产、加、销一体化的生产经营组织，解决"小生产"与"大市场"的矛盾。解决这种矛盾的实质是在企业与农户之间建立一种具有期货交易性质的契约关系。

8.1.1 契约产生的背景、特点

契约又称合同、合约、协议或订单。契约的形式可以是口头的或文字的、明示的或隐含的、短期的或长期的。契约的本意是"自愿协助和自由合意"。张五常（1994）认为，契约安排

是为了在交易成本的约束下，使从风险分散中获得的收益最大化。科斯（2006）认为，经济学中所有的交易，无论短期或长期，显性或隐形，都看成一种契约关系，并且是经济分析的基本要素。从内容看，契约是交易双方界定未来业绩和未来事件风险的配置方式，提供了一个交易的框架，契约中规定了交易的具体条款，界定了交易双方交换哪些权利以及以何种条件来进行交换。从实质看，契约就是交易双方达成一种规制双方交易的制度安排。由于交易的特性存在差异，契约的内容也不尽相同。同一交易行为，不同的契约安排方式，交易成本则不同。新制度经济学认为，交易双方总数会在自己的约束条件下努力选择交易成本最低的契约安排，使得自己的效用实现最大化。

张五常（1994）提出对于不同的农业契约形式，不同地区的产权所有者的选择类型不同，应该根据交易费用的不同和风险规避的假定来分析合约的选择。威廉姆森（1985）从交易成本理论的角度，用资产专业性程度、交易频率和不确定性三个维度把所有的交易划分为三类契约，即古典契约、新古典契约和现代契约。

8.1.1.1 古典契约

斯密（1887）倡导的古典契约思想的主要特征为：契约是具有自由意志当事人自主选择的结果，当事人签订的契约不受任何外来力量的干涉，契约对交易当事人的权利、责任、义务做了明确的规定，包括对未来所出现的任何一种事件以及任何事件出现时交易双方的权利、义务、风险等，协议条款是明确的，模糊和不详之处是不存在的。契约是个别的、不连续的，交易往往是一次性的，没有持久性的通过契约建立起来的合作关系。契约双方只关心违约的惩罚和索赔，交易完成后各方形同陌路。

8.1.1.2 **新古典契约**

契约条款在事前能明确写出来,在事后能完全执行,即双方一旦达成契约,就必须自觉遵守契约条款。契约双方能够准确预测契约执行中发生的不测事件,并在发生纠纷时,首先寻求双方同意的协商方式,如果解决不了再诉诸法律。契约当事人对其选择的条款和契约具有完全信息,且存在足够多的交易者,不存在有人垄断签订契约的情况,签订契约和执行的成本为零。

8.1.1.3 **现代契约**

现代契约与前两种契约相比,是一种长期契约关系。它重视专业化合作和长期契约关系的维持,交易双方为了在交易中获得最大的预期收益,根据目前的情况规定交易的属性和条件。对于那些虽关涉双方利益,但在契约签订时就对将来的种种情况做出明确规定,所费颇多或者根本不可能的条款,留待将来由交易双方进行过程性的、相机的处理。而且,初始明确的契约条款,一旦被交易双方认为不再适宜时,也可做相应修改。

国内学者对契约类型的研究主要有:周立群和曹利群(2002)将契约分为商品契约和要素契约。徐金海(2002)将契约分为纯粹市场契约型、准市场契约型和一体化契约型。杜饮棠(2002)将公司与农户的结合方式分为四种类型:"互惠契约""出资参股""市场交易"和"租地—雇工经营"或"土地反租倒包"。汪沙(2010)将"公司+农户"的契约分为松散型契约、半紧密型契约和紧密型契约。王赛德(2006)将合约分为商品型合约、工资型合约和中间型合约。胡余清(2010)认为公司与农户之间还存在超市场契约。

8.1.2 绿色食品企业与农户契约的特征

绿色食品企业与农户的契约既有要素契约的形式,也有商品契约的形式。Mighell & Jones（1963）将契约分为产品销售合同和生产合同。其中：产品销售合同是指企业与农户就农产品的数量、质量及收购价格达成的一个协议。企业不参与农户的生产管理，农户自己承担生产风险，农产品收购价格一般随行就市，农产品质量合格就被收购。生产合同是指企业提供生产资料，对农户生产进行指导和监督，企业对农产品提供保证收入收购价的一类合同。这类合同企业对农户的控制力度比销售合同大，也承担了农户的部分生产和市场风险。这类合同又分为生产管理合同和资源提供合同。其中：生产管理合同是指主要生产资料由农户自己拥有，企业对农户的生产进行严格管理，农户按照企业要求进行生产。资源提供合同中农户只提供土地和劳动力，企业参与生产管理、提供主要生产资料。绿色食品企业与农户之间的契约属于生产合同，包括生产管理合同和资源提供合同。

8.1.2.1 契约中交易价格体现"优质优价"的原则

绿色食品企业与农户是为了自身利益而选择相互合作，这种选择与合作是双方不断博弈的过程。在合作过程中，企业由于资金、技术、信息等因素处于相对优势地位，农户处于相对弱势地位，处于优势地位的企业可能在交易价格、农产品质量等方面侵害农户利益，农户会做出拒绝合作或者忍受（比如农户销售渠道不畅通）的选择，这样均不利于双方下一次的合作。从实际情况看，企业在契约价格的形成过程中占据主导地位，农户一般很少有讨价还价的能力。绿色食品的生产过程比普通农产品无论经济投入还是劳动力投入均要多，如果交易价格不能充分体现农产品质优的特点，那么农户的经济利益就无法得到保障，农户就会选择退出合作，增加企业选择新农户的交易费用，对企业与农户双方均不利。从实际调研的情况看，契约价格有三种形式：保底价、随行就市价和固定价格。

8.1.2.2 农产品质量标准形成契约的主要内容

绿色食品企业与农户的合作过程中，企业不是简单向农户收购预定的待加工农产品，而是对农户在产前、产中和产后的行为进行规范、指导和制约，使之符合绿色食品初级产品标准的要求。比如：在生产前，契约规定农户必须接受企业提供的种子、化肥、农药，这就能够保证种子、化肥、农药达到质量要求，避免因其来源问题导致农产品质量问题。在生产中，契约规定农户必须按照企业提供的技术要求和规范进行生产，如化肥和农药的施加量与施加频率的要求。这样避免了由于生产技术问题导致的产品质量问题。由于详尽的内容和规定，农户的生产活动只限于田间操作，偏离农产品质量要求的概率大为减少。在生产后，契约规定农产品必须符合绿色食品初级产品卫生要求和感官要求。

这种契约不是简单的规定交易物的属性，而是考虑到生产结束时对产品质量测度的成本过高，实行"从源头抓起"。契约中规定，公司向农户提供种子、化肥、农药等生产资料，可以杜绝由于假种子、劣质化肥、农药等导致的产品质量不合格问题。因此，绿色食品企业与农户签订的契约更多的是生产合同，而非产品销售合同。

8.1.2.3 农产品质量合格是双方合作的关键因素

绿色食品企业与农户的合作和普通农产品企业与农户的合作不同之处就在于农户向企业提供的农产品不仅有数量要求，而且有质量要求，即农产品质量是否达到绿色食品原材料标准。农产品质量合格是双方合作的关键要素。

8.2 绿色食品企业与农户"委托—代理"关系分析

绿色食品企业与农户作为"理性经济人",是以追求利润最大化为主要目标。企业与农户合作的根本目的是确保食品原材料供应数量和质量两方面的稳定性,维持原材料价格稳定,提高企业经济效益。农户与企业合作能够降低选择、销售等一系列交易成本。企业与农户的合作从起点到终点,始终贯穿了利益关系,双方合作的根本目的就是为了实现"合作剩余"。

"企业+农户"产业组织模式中,企业与农户互为委托人与代理人的委托—代理关系。农户拥有信息优势诸如农户生产技术、农产品产量等信息。如果农户利用信息优势做出对企业利益不利的行为,比如当市场价格高于双方契约价格时,农户向企业隐藏产量,向市场出售农产品。这种情况下,企业为委托人,农户为代理人。如果企业利用自身信息优势做出损害农户利益的行为,比如当市场价格低于双方契约价格时,企业更倾向于向市场收购农产品导致违约等行为。这种情况下,农户为委托人,企业为代理人。

在绿色食品"企业+农户"生产模式中,企业与农户签订的是纵向供应契约。为了实现双方共同的利益,农户作为代理人为企业提供质量合格的农产品,农户按照契约规定种植品种、种植数量、质量要求等从事农产品生产。在农产品收获后,企业作为委托人对农产品质量进行检测,对合格农产品按照契约价格收购。在契约执行的过程中,企业为农户提供技术指导,有些企业以低于市场价向农户统一提供种子、化肥、农药等生产要素。

在"企业+农户"生产模式中,为了确保契约的履行,双方需要进行专用性投资。这类契约中的专用性投资包括:物质资本专用性投资、关系专用性投资和人力资本专用性投资。在签订契约之后,农户为了执行契约,必须进行物质资本专用性投资。如为了达到绿色食品标准专用性的土壤质量改造,专用性的设施改造建设,以及为了某种生产技术的人力资本专用性培训投资。现代企业理论认为,专用性投资会导致农户向企业的"敲竹杠"行为。企业与农户双方签约后,农户自主组织农产品生产的全部过程,整个生产过程的全部信息,企业无法完全获得,农户借助于自然风险与人为原因向企业"敲竹杠",比如代理人农户未能按照绿色食品原材料标准进行生产致使农产品质量未达标,同时向企业隐瞒产品质量信息;或者当市场价格高于契约价格时,农户向企业隐瞒产量,以达到少卖给企业的目的,将更多农产品销售给市场获得高价。这种是由于企业处于信息劣势,无法事先确定农户是否采取机会主义行为,因此企业承担了农户行为影响企业利益的风险。

农户由于受到文化程度、市场信息获得能力较弱等约束,在与企业签订契约之后,因为农户为这种产品投资了专用性物质资产,无法出售给其他企业,只有将该产品出售给签约企业才能获得收益。在这种情况下,当产品市场价格低于双方契约价格时,企业有可能拒收或减收农户产品。这种情况的发生是由于农户处于信息劣势,无法事先确定企业是否采取机会主义行为,农户承担了企业行为影响农户利益的风险。这样,就构成了农户(委托人)与企业(代理人)的委托代理关系。

8.2.1 签约前的逆向选择问题

企业与农户在签订契约之前掌握信息优势的一方隐藏信息的行为,称为事前非对称信息。Akerlof(1970)对"柠檬"市场研究表明，由于事前信息不对称，使得"劣等品充斥整个市场"，导致市场萎缩甚至瓦解。绿色食品企业与农户之间也存在事前信息不对称现象，企业的经营能力、生产和加工能力、农户的生产能力等都构成了事前信息。为了保证在谈判中的竞争优势，绿色食品企业和农户双方往往会隐藏自己的信息，这种事前信息不对称会导致逆向选择的发生，甚至使交易不存在。

在企业与农户委托代理关系中，以蔬菜种植为例，当企业与农户之间对蔬菜质量安全存在对称信息时，质量合格的绿色蔬菜价格应该为 P_A，质量不合格的蔬菜价格应该为 P_B，见图8.1。但是现实中，企业与农户之间对蔬菜质量安全存在不完全信息，蔬菜质量信息是农户的私有信息，蔬菜质量不合格的农户有从事机会主义行为的可能，将劣质品冒充为合格品并以低于 P_A 的价格出售。由于信息不对称，买方担心以 P_A 的价格买到劣质品，那么买方在有限理性驱使下会去选择以较低价格购买蔬菜，最终导致在市场上两种质量不同的产品按照低于 P_A 的价格出售，这样质量合格的蔬菜农户的利益就无法实现。在下一轮的生产中，质量合格的蔬菜农户转向生产质量不合格的蔬菜，从而出现蔬菜市场"逆向选择"现象。

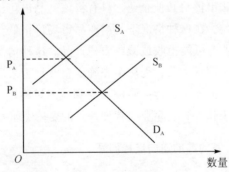

图 8.1 农户逆向选择的图形说明

8.2.2 签约后的道德风险问题

Akerlof（1970）认为，事后信息不对称会导致道德风险的发生。企业与农户在签订契约之后，在契约的执行过程中，存在信息不对称现象。从农户的角度看，农户生产过程是否按照绿色食品标准进行生产，尤其是农药、化肥的使用量和使用频率、农产品产量等都构成了签约后的信息不对称。从企业的角度看，事后信息不对称会产生败德问题。比如，农户向企业隐藏或者欺骗生产过程的质量控制信息、产量信息等。

8.3 农户与企业的博弈分析

8.3.1 农户与企业的单次博弈

威廉姆森关于契约当事人行为假定之一为，在信息不对称条件下的损人利己行为，即机会主义行为。在"企业+农户"生产模式下，作为理性经济人，企业和农户都有机会主义行为倾向，即违约行为或欺骗行为倾向。机会主义行为在很大程度上影响了合格农产品的供给。假如不存在有效的外部约束机制，即违约成本为零。假定企业与农户的行动战略是"诚实"或"违约"。对于企业而言，"诚实"是指按合同价格收购农户合格农产品；对于农户而言，"诚实"是指按照企业要求生产质量合格农产品，以及向企业出售农产品。对于企业而言，"违约"是指对合格农产品拒收或者低于合同价格收购；对于农户而言，"违约"是指没有按照企业要求生产质量合格农产品或者虚报、瞒报产量。单次博弈的支付矩阵如图 8.2 所示。假定 X、Y 分别表示企业和农户采用不同行动战略的收益函数。假设 $X_3>X_1>X_4$

$>X_2$，$Y_2>Y_1>Y_4>Y_3$。该博弈就是典型的"囚徒困境"博弈，尽管（诚实，诚实）对农户与企业带来的利益最大，但是双方理性选择却是（违约，违约），即博弈双方都希望对方选择履约，以实现自己收益最大化，结果形成了最不满意的均衡结果。导致使农户与企业合作失败。博弈结果为非合作的纳什均衡。例如，农户倾向于在生产过程中有诸如增加农药施加量与施加频率的行为，导致农产品质量不能达到绿色食品标准。或者当农产品市场价格高于契约价格时，农户将倾向于把农产品食到市场去出售。企业在市场价格低于契约价格时，倾向于到市场去购买农产品，或者以农产品质量不合格等找理由压价不履约。究其原因，一是博弈双方之间的博弈是一次性的，难以向对方实施有效的控制；二是博弈双方互相不信任并且缺乏有效沟通，对对方实施诚实策略不信任，出于对对手的防范，选择（违约，违约）的策略组合。

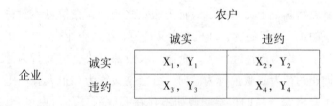

图8.2 企业与农户单次博弈的支付矩阵

8.3.2 农户与企业的重复博弈

绿色食品企业与农户的交易活动中，博弈往往是重复进行的。重复博弈是静态或者动态博弈的重复进行，可以分为有限次重复博弈和无限次重复博弈。绿色食品企业与农户作为博弈的局中人合作可能是长期的，不再是只有一次合作机会，而是面临无限次的决策。在这种情况下，绿色食品企业和农户就会考虑，如果这次选择违约，可能会引起对方的惩罚，无法进行下一次的合作。绿色食品企业和农户进行重复博弈时，如果双方具有足够的耐心，那么存在优于单次博弈的均衡结果的子博弈精炼纳什均衡。在无限重复博弈中，$\delta = \frac{1}{1+\gamma}$，其中 δ 为贴现系数、γ 是每一阶段的市场利率，一共有 T 期。假定绿色食品企业的无限收益序列为 x_1，x_2，$\cdots$，x_T，其现值为：$x_1 + \delta x_2 + \delta^2 x_3 + \cdots = \sum_{T=1}^{\infty} \delta^{T-1} x_r$。同理，农户的无限收益序列为 y_1，y_2，$\cdots$，y_T，其现值为：$y_1 + \delta y_2 + \delta^2 y_3 + \cdots = \sum_{T=1}^{\infty} \delta^{T-1} y_r$。

在无限次重复博弈中，假定绿色食品企业和农户采用触发战略（也称为冷酷战略），即如果没有人选择不合作，双方合作将一直进行下去，一旦有人选择不合作（违约），就会触发其后所有阶段都不再相互合作。即第一阶段实施诚实策略，在第 T 阶段，如果前 T-1 阶段的结果都是（诚实，诚实），则继续实施诚实策略，否则实施违约策略。在无限次重复博弈中，由 T 阶段开始的每个子博弈等于初始博弈，因此分析时可以只考虑绿色食品企业和农户的初始博弈的情况。支付矩阵如图 8.3 所示。如果博弈双方即绿色食品企业和农户都实施诚实策略，则双方收益的现值分别为：$X_1 = \frac{x_1}{1-\delta}$ 和 $Y_1 = \frac{y_1}{1-\delta}$。如果博弈双方中其中一方选择违约而另一方选择诚实时，那么违约一方在这一阶段能得到较高收益。例如，绿色食品企业选择违约，而农户选择诚实时，绿色食品企业能得到的收益为 X_3，但以后引起博弈另一方一直采用违约的报复，自己也只能一直实施违约，收益将永远为 X_4 或者 Y_4，绿色食品企业与农户每一期的收益分别为 X_1 和 Y_1。绿色食品企业与农户的收益贴现分别为：$X_3 = x_3 + \frac{\delta x_4}{1-\delta}$，

$Y_3 = y_3 + \dfrac{\delta y_4}{1-\delta}$, $Y_2 = y_2 + \dfrac{\delta y_4}{1-\delta}$, $X_2 = x_2 + \dfrac{\delta x_4}{1-\delta}$, $X_4 = \dfrac{x_4}{1-\delta}$, $Y_4 = \dfrac{y_4}{1-\delta}$。

		农户	
		诚实	违约
企业	诚实	X_1, Y_1	X_2, Y_2
	违约	X_3, Y_3	X_4, Y_4

图 8.3 企业与农户无限次重复博弈的支付矩阵

当 $X_1 > X_3$ 时，$\delta > \dfrac{y_2 - y_1}{y_2 - y_4}$，即在不同期得益的贴现系数 δ 较大时，博弈双方构成无限次重复博弈的一个子博弈精炼的纳什均衡。即绿色食品企业与农户将始终采取（诚实，诚实）策略。绿色食品企业与农户两个行为主体的战略组合（诚实，诚实）是子博弈精炼的纳什均衡，即在博弈的每一阶段中绿色食品企业与农户合作收益是可以获得的，并达到帕累托最优状态，形成良性的稳定合作关系，从而走出了不合作的囚徒困境。

8.3.3 投入专用性投资时农户与企业的博弈

资产专用性（Asset Specificity）与交易成本密切相关，农业生产具有高度的资产专用性，不同的农副产品生产资产专用性程度也不同。公司或农户在食品安全方面的专项投资会增加改变专用资产用途的交易成本，即一项投资一旦实施，若再改为其他用途就可能丧失其全部或部分原有价值，形成沉没成本。绿色食品企业与农户在签订合作协议之前，增加资产专用性方面的投资是增加契约稳定性的有效措施。由于绿色食品生产过程中对食品质量要求高于普通食品，因此企业与农户实行"专用性投资"显得尤为重要。所谓"专用性投资"（Specific Investments）是指为特定交易或契约服务而投资，具有一定的锁定作用，转作他用难度大。其与通用性投资有很大的区别，通用性资产可以很方便地将资产转移到其他交易中去，并且不会引起经济价值的较大损失。

一般来说，生产周期较长或在生产过程中需要专门的设施和人力资本投入的农产品，农户和企业投入具有较高的资产专用性。比如奶农与奶产品加工企业、果农与水果加工企业等，奶农需要建立养殖基地、学习养殖技能，还要向企业缴纳保证金；果农要投入专门的化肥、农药、农业机械以及种植技术；企业需要建立加工厂、冷藏车间等。企业与农户相互依赖性加强，形成相互约束，企业和农户之间能够保持稳定的合作关系。因此，交易双方资产专用性越强，契约的稳定性就越强。因为如果一旦一方违约，其之前所投入的专用性资产将成为沉淀成本，无法收回。如果交易双方的专用性资产一方投入较多，而另一方投入较少，则可能出现投入较少一方向对方"敲竹杠"的行为。如当企业向农户压级压价收购或者当市场价格高于契约价格时，会出现农户向企业隐瞒或隐藏产量的现象。从而影响契约的稳定性。

8.3.4 博弈的现实缺失

农户与企业的合作过程中，双方都可能产生机会主义行为。从理论上分析，农户与企业根据对方产生机会主义的概率判断自己的最优策略：企业加强对农户的监督和违约的惩罚力度，农户对企业违约实行拒绝下一生产环节的合作，以来降低对方发生机会主义行为的概率。但是现实中，企业对农户的监督成本较高，以及农户对企业违约行为的无能为力，说明农户与企业之间的角色博弈存在缺陷。

8.3.4.1 博弈双方的显性违约

针对博弈双方的显性违约,理论上分析可以通过法律手段解决。假如农户违约,比如当市场价格高于契约价格时,将农产品向市场销售,由于农户数量较多且分散,农产品生产周期较长,企业监督管理难度大,诉诸法律途径解决成本较高;假如企业违约,拒绝收购农户质量合格农产品,单枪匹马的农户很难通过法律途径来起诉企业。因此,企业与农户双方的违约行为,诉诸法律途径解决的可能性较小,双方违约概率增大。

8.3.4.2 博弈双方的隐性违约

隐性违约包括农户以次充好、瞒报产量、企业压价收购等行为。从前面企业与农户重复博弈分析看,如果其中一方违约,必然会遭受对方终止合作的惩罚,因此,博弈双方的违约更多为隐性违约。比如农户可能未按照绿色食品标准进行生产,向企业提供不合格农产品,进而对企业产品质量带来隐患;当市场价格高于契约价格时,农户隐瞒产量,将部分农产品卖给市场;企业在收购农产品时,以产品质量监测不合格为由,拒收或者压低价格收购农产品,侵害农户利益。

8.4 农户的履约行为分析

8.4.1 农户履约的决策

国外学者对影响农户履约行为的因素进行了大量研究,取得丰富的研究成果。Williams & Karen(1985)分析了资产专用性对履约行为的影响,研究结论为,专用性投资投入越多的农户履约率越高。Zylbersztajn(2003)研究了巴西1523户西红柿种植农户的履约行为,结论是农户的履约率与经营规模呈正向关系，同农户离农产品销售市场的距离呈反向关系，契约价格随行就市的履约率高于固定价格。

国内学者关于农户的履约行为进行了不同视角的研究。刘凤琴（2003）认为，合约的不完全性是我国农产品销售合约履约率低的根本原因。赵西亮等（2005）认为，要增加农业契约的履约率，关键是风险分担机制的设计。农户的联合和企业的保险作用是解决农业契约履约率过低的方向。黄志坚等（2006）研究表明，公司与农户的违约行为使得合作博弈在现实中难以实现，建立长期的合作契约，如长期合作过程中固定投资、市场开发等对契约的稳定性有重要的作用。郭红东（2006）研究表明"口头协议"的订单，保底收购价格，有专门投入要求以及奖励措施的订单对农户履约率有影响。王亚静（2007）分析发现，有投入专用设备的农户，其经营收入、履约比例都比较高。

绿色食品农户的违约既包括农户按约定时间向企业提供农产品数量的违约，也包括农产品质量未达到相关绿色食品质量标准的违约。

（1）当农户预期违约成本高于预期的违约收益时，违约者无利可图，农户的违约行为中止或者放弃。图8.4中的横轴表示违约的程度，纵轴表示违约处罚的力度。违约预期成本主要是违约者对其实施违约行为可能受到处罚的预计量，其违约处罚成本必然随着违约的处罚程度而提高，因而预期违约成本曲线向上弯曲。违约收益是违约者实施违约行为所预期可能获得的收益最大值。违约收益是违约严重性的函数，违约越严重，收益越高。如图8-4所示，如果预期违约成本高于违约收益，那么实施违约行为是不理性的。因此，农户一般会做出放弃实施违约行为的决策。在一个处罚机制健全的社会制度下，由于预期违约处罚成本高于违约收益，人们往往不愿意实施违约行为的决策。

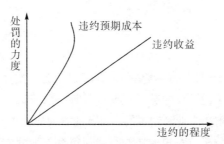

图 8.4 农户违约预期成本高于违约收益的决策图

（2）当预期的违约成本低于其违约收益时，其所获收益大于所付出的预期违约成本。在这种情况下，违约成为一种有利可图的行为，人们有可能实施违约行为的决策。如图 8.5 所示，预期违约成本曲线与违约收益曲线相交形成的区间，是违约者可能实施违约行为的上限，违约的收益大于成本。在这种情况下，人们会做出违约的决策，因为这时违约是一种有利可图的事情。违约者可能实施的违约行为的严重程度一般不可能超过 M，否则，违约程度的增加会导致处罚成本的增加，出现预期违约成本高于预期违约收益的情形，从而使其净收益为负值，违约成为无利可图的事情。因此，在这种情况下，违约者一般将其行为控制在其预期违约成本增加所形成的新的预期违约成本的总水平低于预期收益增加形成的新的预期收益的总水平之内。

8.4.2 农户履约行为决策的理论模型构建

绿色食品农户履约问题与普通订单农业履约问题相比，除了农户向企业提供约定数量的农产品以外，还包括农产品质量是否达到契约中规定的绿色食品标准。

8.4.2.1 农户履约中的农产品质量问题的模型构建

企业获得绿色食品认证的产品拥有自己的品牌，为了维护

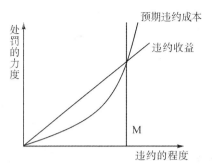

图 8.5　农户预期违约成本低于违约收益的违约决策图

产品品牌的知名度和美誉度,产品质量是企业关注的重要因素。因此,绿色食品原材料的质量控制,即农户在生产过程中是否发生道德风险行为,是农户履约问题中的关键问题。

从农户履约问题中的农产品质量问题来分析,即农户是否按照契约向企业提供质量合格的农产品。本研究以农户是否发生道德风险行为作为分析农户履约行为中的农产品质量问题的切入点。在农户与企业的委托代理关系中,农户作为代理人,在蔬菜生产过程中,可能按照委托人的要求,依据绿色食品标准进行生产,也可能不按照委托人的要求,没有按照绿色食品生产标准进行生产。农户作为"理性经济人",追求自身利益最大化是发生道德风险行为的根本内在动机。

以农户追求自身利益最大化为前提,农户和企业在绿色食品的生产中有利可图。企业是农户绿色食品的收购方,假设农户生产绿色食品在每期获得的收益为 I,I_i 代表农户从第 i 期生产周期获得的利益,生产期数为 t,贴现系数为 θ(0<θ<1),则农户预期收益的现值 R 就可以表示为:

$$R = I_1 + \theta I_i + \cdots + \theta^{t-1} I_t \tag{8.1}$$

假设农户发生道德风险行为被发现的概率为 P,农户在第 i 期发生道德风险行为并且未被发现,则农户从中获得收益 I 和额外收益 E；如果农户在第 i 期发生道德风险行为被发现且支付罚金后的收益为 Y_i。那么，农户预期总收益的现值就可以表示为：

$$R = [(1-P)(I_1+E)+PY_1] + \theta[(1-P)(I_2+E)+PY_2] + \cdots + \theta^{t-1}[(1-P)(I_t+E)+PY_t] \qquad (8.2)$$

在无道德风险行为的情况下，农户的预期收益现值为：

$$R_1 = I + \theta I + \cdots + \theta^{t-1} I = I\frac{1-\theta^t}{1-\theta} \qquad (8.3)$$

在发生道德风险行为的情况下，农户的预期收益现值为：

$$R_2 = [(1-P)(I_1+E)+PY_1] + \theta[(1-P)(I_2+E)+PY_2] + \cdots + \theta^{t-1}[(1-P)(I_t+E)+PY_t]$$

$$= (1-P)E + I(1+\theta+\cdots+\theta^{t-1}) - P(I-Y)(1+\theta+\cdots+\theta^{t-1})$$

$$= (1-P)E + R_1 - \frac{1-\theta^t}{1-\theta}P(I-Y) \qquad (8.4)$$

$$\Delta R = R_2 - R_1 = (1-P)E - \frac{1-\theta^t}{1-\theta}P(I-Y) \qquad (8.5)$$

R_2 与 R_1 之差为农户发生道德风险的收益变化，用 $\triangle R$ 表示。如果 $\triangle R$ 大于零，则表示农户选择从事道德风险行为将获得额外收益。$\triangle R$ 越大，农户发生道德风险行为的可能性越大，其发生道德风险行为的可能性越大；$\triangle R$ 越小，农户从事道德风险行为的额外收益越小，其发生道德风险行为的可能性越小。

农户履约中关于农产品质量问题的影响因素包括：农户从事道德风险行为被发现的概率 P，农户每一期获得的收益 I，农户从事道德风险未被发现的额外收益 E，农户被发现从事道德风险行为被罚款后的收益 Y，以及贴现系数 θ 和生产期数 t。

8.4.2.2 农户履约中其他问题分析

从经济学角度看，农户作为"理性经济人"，其履约与否的行为取决于履约的预期收益与不履约的预期收益的比较。只有当履约后预期收益高于不履约的预期收益时，农户才会选择履约。由于企业与农户签订的契约一般是远期交易（Forward Trade）契约，即契约签订一段时间后才能履约，交易双方在将来某个时间按照约定农产品品种、质量要求、数量和价格进行的现货买卖契约。比如，如图8.6所示，在T_0期双方签订契约，T_1期契约到期，T_1与T_0期间外部环境可能会发生变化，比如气候变化、市场价格波动等，那么在T_0期签订的契约可能不适应T_1的环境。企业和农户此时要根据履约和违约的得益来选择履约或违约，并且还要考虑T_2期以及T_n的得益。在这种情况下，契约的履行可能就会存在不确定的因素。

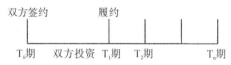

图8.6 "企业+农户"契约签订与履约时间分布图

8.4.3 绿色食品生产农户履约行为影响因素的理论分析

从前文的分析中可以看出，影响农户履约主要有农户的有限理性、资产专用性、道德风险、交易费用四大因素。这四大因素可以用农户个人特征、农户道德风险行为特征、是否有资产专用性投资、契约形式和奖励机制来表示。

（1）农户个人特征对农户履约行为有影响。农户个人特征也就是农户自身因素，农户自身因素影响农户履约行为主要包括农户受教育年限和农户类型。农户受教育程度高，对与企业合作产生的长远而积极的意义认识更加深刻，对不履行契约所带来的未来信誉的损失和成本的增加估计更为准确。种植（养殖）大户经营能力强，生产具有长期性和稳定性，在与企业的合作谈判中，比小规模农户有发言权，对与企业的合作更为积极。从本研究的实际调查来看，农户的种植（养殖）规模普遍偏小，因此对于种植农户经营土地面积在10亩以上的农户，养殖规模在50头以上作为大户的确定方式。

（2）农户道德风险行为特征对农户履约行为有影响。按照前面的分析，农户的道德风险行为使用以下因素来衡量：农户从事道德风险行为被发现的概率P，农户每一期的收益I，从事道德风险未被发现的额外收益E，农户从事道德风险行为被罚款后的收益Y。农户从事道德风险行为被发现的概率主要取决于企业的监管力度。企业在生产过程中对农户的监管一般有以下几种方式：①在生产的几个关键阶段进行抽查，比如果树的开花期、水果成熟期，企业采取随即抽查的监管方式。②派技术人员集中授课、技术人员上门指导等。从实际调研的情况看，由于农户分散经营，企业对农户的监管存在实质性的困难。农户从事生产的收益与农产品收购价格和销售量相关。企业收购价格在契约签订时双方已经确定，一般以前一年价格为参考，产量的变化与气候因素有关。如果气候没有较大变动，产量可以根据往年的平均产量来预测。因此，农户每一期的收益可以提前估算。额外收益主要是指由于发生了道德风险行为后，农产品生产成本减少而产生的收益。农户从事道德风险行为被罚款后的收益主要与企业对农户的惩罚力度有关。由于农户数量较多，针对农户违约，有些企业采取了经济手段，提高农户的违约成本。有些企业因为诉讼成本太高而放弃对农户违约行为的起诉，这样降低了农户的违约成本。

（3）农户在生产中是否有资产专用性投资对农户履约行为有影响。农业生产具有专用性强的特点，农药、化肥、农业机械、灌溉设施、土地以及种养殖知识等都是专用性投资（黄祖辉，2002）。资产专用性投资形成农户的沉没成本，沉没成本反映了投资转作他用的难易程度。当沉没成本很大时，该投资再转作他用的可能性会比较小，或者转作他用时比较困难或变现价值会大大降低（赵西亮，2005）。因此，在生产中农户有资产专业性投资。如果市场价格高于契约价格，农户选择违约时，会考虑这次违约对与企业以后的合作带来的长远不利影响而导致专用性投资无法收回，有资产专业性投资的农户履约率较高。

（4）契约形式对农户履约行为有影响，包括契约形式、契约价格的确定、货款支付方式以及契约期限。契约形式包括口头契约和书面契约。口头契约是指企业与农户基于口头协议而订立的契约，其简便易行，节约交易成本。但是在发生纠纷时难以举证。书面契约是指用文字将当事人约定的权利、义务以书面形式记载的契约。书面契约便于履约和监督，虽然在订立契约时比较复杂，但是在发生争议时，易于取证和分清责任。书面契约履约率高于口头契约。

薛昭胜（2001）认为，农户违约行为的原因是利益风险机制不合理。契约价格采用固定价格违约的可能性较大，有些农产品比如烟叶、甜菜等用途单一，具有买方定价特点才适合采用固定价格。而对于市场价格变化较大的农产品，适合采用"保底收购，随行就市"的价格形式。在货款支付方式中，企业向农户提前支付定金，收购后再付全款方式容易被农户接受，农户履约率相对较高。从契约期限对农户履约行为的影响来看，一般情况下，如果农户与企业签订的是长期契约，农户在履行契约时会从自身长远利益出发，考虑违约对再次合作产生的不利影响，增加合作成本，因此，契约期限较长的农户的履约率相对较高。

（5）奖励机制对农户履约行为有影响。企业对契约执行较好农户的奖励机制，又称返利。这是企业对农户按照契约在规定时间向企业提供约定数量的质量合格农产品进行的一种奖励机制。奖励形式一般为现金，企业一般按照农户履约数量为准，或者以农户超额完成数量为准。奖励机制的实施对增强农户履约的积极性有推动作用。在实际调研中，农户对企业的奖励机制比较赞同，让农户感觉到自己的劳动得到了企业的肯定，农户与企业继续合作的意愿增强，农户履约率较高。

根据以上影响因素，提出影响农户履约行为的假说：

(1) 农户个人特征对农户履约行为有影响。

H8.1.1：农户受教育年限与农户履约行为呈正相关。

H8.1.2：农户类型与农户履约行为呈正相关。

(2) 农户道德风险行为对农户履约行为有影响。

H8.1.3：契约对农户生产过程有无监管与农户履约行为呈正相关。

H8.1.4：农户与企业合作后收益的变化与农户履约行为呈正相关。

H8.1.5：农户发生道德风险行为后收益的变化与农户履约行为呈负相关。

H8.1.6：企业对农户发生道德风险后有无惩罚与农户履约行为呈正相关。

H8.1.7：农户是否有资产专用性投资与农户履约行为呈正相关。

(3) 契约形式对农户履约行为有影响。

H8.1.8：契约形式与农户履约行为呈正相关。

H8.1.9：契约价格的确定与农户履约行为呈正相关。

H8.1.10：货款支付方式与农户履约行为呈正相关。

H8.1.11：契约期限与农户履约行为呈正相关。

(4) 奖励机制对农户履约行为有影响。

H8.1.12：是否有奖励机制与农户履约行为呈正相关。

8.4.4 绿色食品生产农户履约行为影响因素的实证分析

8.4.4.1 数据来源与说明

本部分数据来源于2011年7~8月对四川省遂宁市船山区、安居区，眉山市东坡区，成都市郫县和双流县，资阳市雁江区和简阳市4个地市7个县的900户农户所做的调查。调查选取的农户均与绿色食品企业签订生产契约，为绿色食品企业提供农产品，并且与企业合作次数为一次以上。调查设计的地区主要包括平原和丘陵。调查涉及的农产品包括蔬菜、水果、畜产品和其他类等。调查方式采用随机抽样和典型调查结合的方法，在具体调查过程中，采用调查人员入户调查，或者在田间地头与农民一对一直接访谈。调查人员为笔者以及成都信息工程学院商学院2009级部分本科生。因此，所调查数据总体上具有较好的代表性。调查共发出问卷900份，收回问卷834份，回收率为92.7%，去掉无效问卷或回答不全问卷47份，共获得有效问卷787份，问卷有效率为87.4%。

8.4.4.2 农户履约的总体情况

在调查中，从获得的有效问卷来看，787户农户中，有613户农户（占比为77.9%）履行了契约，有174户农户（占比为22.1%）没有履约。

从174户农户没有履约的原因选择来看，有113户农户（占65.5%）选择收购价格低于市场价格的原因，有132户农户（占75.9%）选择农产品质量方面的原因，有58户农户（占33.3%）选择交货时间方面的原因，有48户农户（占27.6%）选择其他原因没有履约。这个结果可以看出，农户没有履约的原因主要表现在农产品的价格和质量两个方面。

从契约履行过程中发生争议时的解决办法来看，68.1%的农户选择通过与企业协商解决，48.2%的农户选择通过村级政府协商解决，6.9%的农户选择通过法律途径解决争议。这个结果说明，在契约履约机制中，法律解决履约机制中存在的争议作用较小，非法律手段在农户与企业之间解决履约的争议作用较大，通过协商解决履约中存在的争议是保证契约履行的主要途径。

8.4.4.3 农户履约的描述性分析

(1) 农户个人特征

被调查农户中（见表8.1），男性农户多于女性，年龄结构中40岁以上农户比例较高，占总被调查农户的81%。这个结果与我国农村的实际情况基本相符，年轻劳动力多数选择离开农村，从事非农业生产，获得高于农业生产的收益。从受教育年限来看，6年以下的农户比例最高，达到72.2%，12年以上农户仅有55人。所调查农户受教育年限较短，农户的文化程度较低。在农户类型中，大规模农户所占有比重偏低，仅占17.2%。

表8.1　　　　　　　　农户个人特征

农户个人特征变量	内容	样本数（份）	百分比（%）
性别	男	453	57.6
	女	334	42.4
年龄	20~29岁	34	4.3
	30~39岁	112	14.2
	40~49岁	215	27.3
	50~59岁	289	36.7
	60岁以上	137	17.4

表8.1(续)

农户个人特征变量	内容	样本数（份）	百分比（%）
受教育年限	6年以下	567	72.2
	6~12年	165	20.8
	12~15年	47	6.0
	15年以上	8	1.0
农户类型	大规模农户	135	17.2
	小规模农户	652	82.8

（2）农户道德风险行为特征

农户道德风险行为特征主要是指农户在生产过程中是否按照绿色食品系列标准进行生产。绿色食品标准体系包括绿色食品产地环境质量标准、生产技术标准、产品标准和包装贮藏运输标准四个部分，贯穿绿色食品生产全过程。

农户道德风险行为实质反映了企业与农户的"过程契约"，使得企业与农户合作相互依赖性增强，提高了双方违约的门槛，有利于双方互相了解，增进信任关系，对稳定双方合作有积极作用（胡新艳，2009）。

农户从事道德风险被发现的概率反映了企业监管力度。在具体调研中，采用企业是否实施生产过程监管，企业是否实施农产品质量检测，企业是否统一配送农药、化肥，企业是否传达农产品质量标准等问题来衡量（见表8.2）。

表8.2　　　　农户道德风险行为特征

企业监管力度变量	内容	样本数（份）	比率（%）
企业是否实施生产过程监管	是	485	61.63
	否	302	38.37

表8.2(续)

企业监管力度变量	内容	样本数（份）	比率（%）
企业是否实施农产品质量检测	是	723	91.87
	否	64	8.13
企业是否统一配送农药、化肥	是	325	41.30
	否	462	58.70
企业是否讲授农产品质量标准	是	764	97.08
	否	23	2.92
农户与企业合作后收益的变化	增加	653	82.97
	不变	53	6.73
	减少	81	10.29
农户是否发生过道德风险行为	是	89	11.31
	否	698	88.69
发生道德风险后额外收益的变化	增加10%以内	41	46.07
	增加10%~30%	25	28.09
	增加30%~50%	20	22.47
	增加50%以上	3	3.37
企业对道德风险行为的惩罚力度	有惩罚	189	24.02
	没有惩罚	598	75.98

（3）契约是否要求农户有资产专用性投资

从问卷结果（见表8.3）来看，63.79%的样本农户有资产专用性投资，这部分农户履约率较高，达到91.24%，没有专用性投资的农户履约率较低，仅为54.39%。这个结果说明，农户对企业有要求资产专用性投资的履约率高于没有要求专用性投资的履约率。这个结果说明资产专业性投资对提高农户履约率有积极的作用。

表 8.3　　资产专用性投资与农户履约率

要求资产专用性投资			无资产专用性投资要求		
农户数量（人）	比例（%）	履约率（%）	农户数量（人）	比例（%）	履约率（%）
502	63.79	91.24	285	36.21	54.39

（4）契约形式与履约率

从契约形式与履约率的实际调查（见表 8.4）中可以看出，农户与企业之间书面契约数量是口头契约数量的两倍，书面契约农户履约率高于口头契约的履约率，直接签订契约数量大于间接契约数量，直接签订契约农户履约率高于间接签订契约的履约率。这个结果表明，农户与企业之间签订书面契约以及直接签订契约对提高农户履约率有重要作用。

表 8.4　　契约形式与农户履约率

口头契约	农户数量（人）	249
	比例（%）	31.64
	农户履约率（%）	59.44
书面契约	农户数量（人）	538
	比例（%）	68.36
	农户履约率（%）	86.43
直接签订契约	农户数量（人）	428
	比例（%）	54.38
	农户履约率（%）	81.80

表8.4(续)

	农户数量（人）	359
间接签订契约	比例（%）	45.62
	农户履约率（%）	73.26

（5）契约价格形式与农户履约率

目前，绿色食品企业与农户之间的契约价格有三种形式：①固定价格；②限定最低收购价；③保底收购、随行就市。与普通农产品契约价格不同之处在于：固定价格一般是高于市场普通农产品价格，保底收购、随行就市价格也是按照一定比例高于普通农产品市场价格。从调查结果来看，契约价格以保底收购、随行就市价格形式为主，这种形式农户的履约率高于固定价格的契约价格形式（见表8.5）。

表8.5　契约价格形式与农户履约率

	数量（人）	150
固定价格	比例（%）	19.06
	农户履约率（%）	63.40
	数量（人）	637
最低限价，随行就市	比例（%）	80.94
	农户履约率（%）	81.30

在货款支付方式中（见表8.6），更多的农户倾向于交易时现金支付（55.65%）和预付定金，交易后付余款（34.82%）的方式，仅有9.53%的农户对企业实行销售后支付现金表示接受。这个结果说明，农户偏向于风险较小的现金支付和提前预付定金、交易后付余款的方式。

表8.6 契约中货款实际支付方式与农户理想支付方式

	交易时现金支付	预付定金，交易后付余款	销售后现金支付
农户数量（人）	412	178	197
比例（%）	52.35	22.62	25.03
农户意愿数量（人）	438	274	75
比例（%）	55.65	34.82	9.53

（6）奖励机制

绿色食品企业对农产品数量和质量完成较好的农户进行的奖励或者称为二次返利。从调查中可以看出，仅有43.2%的农户表示企业实行了奖励机制。奖励机制对鼓励农户生产的积极性和提高农户履约率有重要的作用。遂宁市五二四红薯农民合作社建立二次利益分配机制，对利益分配进行动态调节，在年底根据企业的盈利水平和农户的平均收益进行二次返利。使农户分享到农产品深加工带来的利益增值，有利于农户履行契约。

（7）契约的有效期限

从调查数据来看（见表8.7），选择契约有效期限在2~3年的农户数量最多，比例达到54.6%。从契约有效期限来看，契约期限在1年以内农户的履约率为34.5%，契约期限在1~2年农户的履约率为69.7%，契约期限在2~3年农户的履约率为80.4%，契约期限在3年以上农户的履约率最高为98.3%。这个结果与前面预期分析基本一致，这个调查结果与文献中部分学者的调查结果相近。

表8.7　　　　契约期限与农户履约率

	农户数量（人）	比例（%）	履约率（%）
契约期限在1年以内	106	13.50	34.50

表8.7(续)

	农户数量（人）	比例（%）	履约率（%）
契约期限在1~2年	202	25.70	69.70
	农户数量（人）	比例（%）	履约率（%）
契约期限在2~3年	430	54.60	80.40
	农户数量（人）	比例（%）	履约率（%）
契约期限在3年以上	49	6.20	98.30

7.4.4.3 农户履约行为的计量经济学分析

本研究建立影响农户履约的计量经济模型，确定上述影响农户履约行为因素的影响程度，对所调查的787户农户的数据进行计量分析。

（1）农户履约行为计量模型的建立

根据前面对影响农户履约行为的因素分析，农户履约行为决策受到12个因素的影响：受教育年限（X_1），农户类型（X_2），企业对农户生产过程有无监管（X_3），农户与企业合作收益变化（X_4），农户发生道德风险后收益的变化（X_5），企业对农户发生道德风险有无惩罚（X_6），是否有资产专用性投资（X_7），契约形式（X_8），契约价格的确定（X_9），货款支付方式（X_{10}），契约期限（X_{11}），是否有奖励机制（X_{12}）。计量模型可用下列函数表示：

$$Y_i = f(X_1, X_2, \cdots, X_{12}) + \delta_i \qquad (8.6)$$

式中，Y_i代表第i个农户的履约情况。δ_i是随机误差项。模型中各因素变量的取值见表8.8。

表 8.8　　　　　　　　　　　模型变量说明

变量名称	变量定义	均值	预期影响
因变量			
农户是否履约	0=不履约，1=履约	0.7789	
自变量			
农户个人特征			
受教育年限	1<=6年，2=6~9年，3=9~12年，4=12年以上	1.3583	正向
农户类型	0=小户，1=大户	0.1715	正向
农户道德风险行为			
企业对农户生产过程有无监管	0=无监管，1=有监管	0.6163	正向
农户与企业合作后收益的变化	1=收益减少，2=收益不变，3=收益增加	2.7268	正向
农户发生道德风险行为后收益的变化	1=收益增长10%以内，2=收益增长10%~30%，3=增长30%~50%，4=增长50%以上	1.8315	负向
企业对农户发生道德风险后有无惩罚	0=无惩罚，1=有惩罚	0.2401	正向
农户是否有资产专用性投资	0=否，1=是	0.6379	正向
契约形式			
契约形式	0=口头契约，1=书面契约	0.6836	正向
契约价格的确定	0=固定价格，1=最低限价，随行就市	0.8094	正向
货款支付方式	1=销售后支付现金，2=预付定金，交易后现金支付，3=交易时现金支付	2.2732	正向
契约期限	1=1年以内，2=1~2年，3=2~3年，4=3年以上	1.5980	正向
奖励机制			
是否有奖励机制	0=无奖励机制，1=有奖励机制	0.4320	正向

为了考察上述各因素对农户履约行为的影响程度，并且，本研究中农户契约的履约情况只有两种结果，即履约或者不履约，二元 Logistic 回归分析模型适合本研究。将因变量的取值限

制在（0，1）范围内，建立 Logistic 回归方程：

$$\ln\left(\frac{p}{1-p}\right) = b_0 + b_1X_1 + b_2X_2 + \cdots + b_{12}X_{12} \tag{8.7}$$

式中：p 为因变量 Y=1 的概率，b_0，b_1，…，b_{12} 为回归系数。

（2）计量经济模型结果分析

本研究运用 SPSS19.0 统计软件，对所建立的 Logistic 回归方程的参数进行估计并进行检验。在处理过程中，首先对选定的自变量进行多重共线性检验，结果为所选择的 12 个变量方差膨胀因子 VIF 均小于 10，可以认为各个变量之间不存在显著的多重共线性。然后采用向后筛选法，将变量全部引入回归方程，进行变量的显著性检验，在一个或多个不显著的变量中，将检验值最小的变量剔除，再重新拟合回归方程检验，直到方程中所有变量的检验值基本显著为止。一共有八种计量估计结果。从每一种模型的计量结果看，模型整体检验显著，不同模型的计量结果相似，并且相对稳定。本研究列出模型一和模型六计量结果的相关系数。所得结果见表 8.9。

根据计量模型分析结果，影响农户履约行为的主要因素和影响程度归纳如下：

（1）农户个人特征变量对其履约行为的影响。农户受教育程度变量没有达到显著水平，假说 8.1.1 不成立。农户类型变量不显著，假说 8.1.2 不成立。

（2）农户道德风险行为变量对其履约行为的影响。"农户与企业合作后收益的变化"变量对其履约行为影响显著，假说 8.1.4 成立。从模型一和模型二的结果可以看出，"农户与企业合作后收益的变化"变量显著，说明农户是否履约与履约给农户带来的收益变化紧密相关，与调研结果一致。"农户是否有资产专用性投资"变量对其履约行为影响显著，假说 8.1.7 成立。

这与众多学者的观点一致。

表 8.9　　　　　　模型回归分析结果

变量	模型一		模型二	
	回归系数	标准化回归系数	回归系数	标准化回归系数
常数项	12.980			
农户个人特征				
受教育年限（X_1）	1.002（1.003）	-0.902		
农户类型（X_2）	-0.032（-0.210）	-0.021		
农户道德风险行为				
企业对农户生产过程有无监管（X_3）	-1.921（-1.408）	-0.132		
农户与企业合作后收益的变化（X_4）	3.037***（2.782）	1.078	3.832***（1.206）	1.047
农户发生道德风险行为后收益的变化（X_5）	1.004（0.820）	0.037		
企业对农户发生道德风险后有无惩罚（X_6）	-0.573（-0.023）	-0.283		
农户是否有资产专用性投资（X_7）	1.784*（1.023）	1.005	1.921*（0.273）	0.288
契约形式				
契约形式（X_8）	0.382（0.029）	0.023		
契约价格的确定（X_9）	2.078***（3.892）	1.202	2.394***（1.230）	1.705
货款支付方式（X_{10}）	2.012**（2.409）	1.006	1.004**（0.200）	0.837
契约期限（X_{11}）	0.026（1.295）	0.002		
奖励机制				
是否有奖励机制（X_{12}）	2.046**（2.985）	1.050	1.970**（0.829）	0.935
预测准确率	98.1%		98.1%	
-2对数似然值	335.23		335.14	
卡方检验值	112.66		112.53	
Nagelkerke 的 R^2	0.534		0.519	

"企业生产过程有无监管"变量对农户履约行为影响不显著，假说 8.1.3 不成立。究其原因，农户分散种植使得企业监管成本较高，进而监管力度不强。"农户发生道德风险行为后收

益的变化"变量对农户履约行为的影响作用不显著,假说8.1.5不成立。在现实中,企业向农户统一配发种子、化肥、农药,农户的道德风险行为主要表现在化肥、农药的施用量和使用频次两个方面,尤其是在特殊气候时期,比如炎热的天气使得病虫害增多的情况下。"企业对农户发生道德风险后有无惩罚"变量对农户履约行为影响不显著,假说8.1.6不成立。在现实中,农户发生道德风险行为后,企业对农户最大的惩罚就是拒收农产品,并没有其他的惩罚机制。

(3) 契约形式变量对农户履约行为的影响。"契约价格的确定"变量对农户履约行为影响显著,假说8.1.9成立。在现实中,最受农户满意的契约价格形式是"如果市场价格上升,参照市场价格收购,如果市场价格低于契约价格,按照契约价格收购"。说明农户对收购价格的确定方式是否满意是决定其是否履约的主要因素,这与其他学者的研究结果一致。"货款支付方式"变量对农户履约行为影响显著,假说8.1.10成立。说明企业对农户货款的支付方式是影响农户是否履约的主要因素。在现实中,农户最欢迎的支付方式是"现金支付"。"契约形式"变量和"契约期限"变量对农户履约行为影响不显著,假说8.1.8和假说8.1.11不成立。

(4) 奖励机制变量对农户履约行为的影响。"是否有奖励机制"对农户履约行为有正向显著影响作用,假说8.1.12成立。在现实中,奖励机制设置的主体是乡级政府或企业,奖励金额与农户向企业提供的质量合格农产品数量相关,奖励机制使农户与企业合作的积极性提高,从而对农户的履约行为有激励作用。

8.4.5 影响"企业+农户"合作关系稳定性的因素

8.4.5.1 契约条款的不平等问题

企业与农户在交易过程中，企业是能够驾驭市场的独立法人，农户是分散的自然人，双方经济地位悬殊较大，农户不具有与企业平等的谈判条件。企业凭借规模实力雄厚拥有市场信息、拥有更强的谈判能力，农户由于自身文化程度不高、资金缺乏等所限，只能接受企业拟订的契约条款，甚至包括对自己不利的附加条件，致使农户利益难以得到保障，农户与企业的合作意愿降低。企业与农户利益联结内在不稳定性，使得企业与农户之间无法形成紧密的利益共同体（曹子坚，2009）。绿色食品企业为了获得稳定的原材料来源，实现自身利益，需要与农户的长期合作。解决这一矛盾的根本途径就是改变合同条款的不平等问题、企业与农户的合作过程中，建立企业与农户合理的利益分配机制是关键因素。

8.4.5.2 交易的不稳定性

农户与绿色食品企业契约的执行，就是围绕农产品交易数量、质量以及交易价格展开的。在农产品生产过程中，易受到外部因素如气候变化的影响，生产量与农产品质量存在不确定性，进而导致农产品价格波动。同时，农产品生产周期长，契约签订时难以将所有不确定因素考虑在内，契约价格往往与市场价格存在较大差异，农户与企业可能为了追求短期经济利益，选择违约。如农户把农产品出售给出价更高的另一方，企业向低于契约价格的另一方收购农产品。价格的波动性与交易环境的复杂性，使交易存在不可预知的情况而发生变化，农户与企业之间存在较大的经营风险，从而使农户与企业的交易存在不稳定性，交易的不稳定性又会带来交易成本的增加，如下一次合作对象的选择、谈判、契约的确定等产生的额外成本。在这样的交易环境下，农户与企业之间交易的持续性难以得到保障。

8.4.5.3 契约执行困难

企业的本质是一种长期契约（Cheung，1983）。从这个角度分析，企业与农户签订的契约仅仅是短期契约。企业与农户契约签订的年限较短，并且契约内容中的诸如收购价格条款变动频繁。同时，企业与农户违约成本较低，甚至为零，存在企业与农户随时解除契约的可能性。另外，绿色食品企业对农产品质量高于普通农产品，契约中包括对农产品质量、农户生产行为的规范要求。但是现实中，企业很难通过契约来监督农户生产行为，对农户"搭便车"现象不能有效防止，企业监督成本较高。短期契约增加了企业与农户的交易成本，企业与农户违约成本过低使得违约行为发生较容易，企业监督成本高等因素意味着契约的执行困难较大，对企业与农户的合作带来不稳定因素。

8.4.5.4 交易的专用性投资与准租金占用

在"企业+农户"合作模式中，为了确保契约的履行，双方需要实施专用性资产投资，如奶农与乳品企业合作中，奶农对奶牛的购买、养殖以及奶牛养殖设施的修建等所投入的费用，乳品加工企业投资建设乳产品生产线、生产设备等发生的费用。专用性资产投资包括三个方面：物质资本专用性投资、关系专用性投资和人力资本专用性投资。现代企业理论认为，专用性资产投资将导致准租金占用，即敲竹杠行为，敲竹杠行为使获利方得到双方合作剩余。在"企业+农户"交易模式中，企业可能依赖专用性资产投资敲农户的竹杠，如企业压级压价收购农产品。农户也可能依赖专用性资产投资挤占企业准租金，如农户抬价行为、虚报或隐瞒产量。此外，农户与企业可能在外部条件变化的情况下，相互敲对方竹杠，挤占准租金，将市场风险转嫁给对方。企业与农户的合作中，敲竹杠行为对契约的稳定性带来挑战,如果企业与农户之间是短期契约,敲竹杠行为发生的可能性更大。这对双方契约的执行、合作带来困难。

8.5 企业与农户合作关系的治理

8.5.1 企业与农户合作的治理模式

良好的治理机制是经济组织有效发挥作用的基本条件(Williamson,1996)。组织的治理机制包括"合约治理"和"关系治理"两类。"合约治理"又称为"契约治理"、"正式治理",合约治理对降低交易风险、促进交易的长期性具有重要作用,但是交易主体的有限理性与契约的不完全性又会产生机会主义行为,使契约执行成本提高,不能确保交易的顺利进行。"关系治理"被视为与"正式治理"具有同等地位的交易治理手段。"关系治理"能够降低双方交易成本,尤其是在交易复杂性程度高的情况下,比合约治理更有效约束机会主义行为(Carson et al.,2006)。

8.5.1.1 合约治理

合约治理就是企业与农户的交易过程中,一旦交易一方做出违反合同条款的行为,根据交易双方签订的正式书面合同,依照法律来对违约方进行治理。企业与农户的合约条款中一般规定农产品交易品种、交易数量、质量要求、交易价格、付款方式等。但是从现实看,依靠法律途径来解决企业与农户之间合作纠纷的比较少,主要是由于诉讼时间长、成本高、对违约方的治理效率低。

8.5.1.2 关系治理

威廉姆森(1979)指出,当交易具有经常性、非标准性和专用性投资等特点时，采用关系缔约进行治理更加适当。Baker 等（2002）提出，关系契约贯穿于企业内部和外部。其中，企业外部的关系契约有纵向和横向两种。纵向的关系契约主要发生在供应链上。绿色食品企业与农户之间的合作就是一种供应链关系，农户为企业提供农产品，企业对所收购农产品进行加工、包装、销售。农户和企业分别是供应链的上游和下游。从当前学术界对供应链相关的研究来看，Poppo & Zenger（2002）认为，供应链交易双方的关系治理能够提高合作的满意度。Poppo & Zenger（2002）认为，正式合同与关系治理互相补充，两种治理方式共同作用，能够提高交易绩效。国内学者陈灿等（2007）认为，农业龙头企业与农户之间的交易在各个方面都具有较强的关系性，订单履行更大程度上依赖关系治理机制。万俊毅（2008）分析了广东温氏食品有限公司"企业+农户"组织形式的关系治理机制在提高契约履行绩效，实现农户与企业双赢发展中的重要作用。陈灿和罗必良（2011）实证分析表明，中国企业与农户合作中的关系治理包括信任、伦理、互惠和互动强度四个因素，其中前三个因素直接促进合作满意度提升，伦理能够间接影响合作满意度，关系治理对合作绩效有正向影响。

综合学者们对关系治理的研究，关系治理相对于契约治理，又被称为非正式治理。农业企业与农户交易双方在交易过程中增添信任、合作、交流等要素，这些要素对促进契约关系的顺利进行具有更高的效率和更低的成本。从实践看，关系治理具有自我履行的特征，能够通过双方互动方式自动地完成内容不全甚至含糊的契约。

8.5.2 绿色食品企业和农户之间的关系治理方式

关系治理对维护农户与绿色食品企业合作的稳定性发挥了

重要的作用。根据学者们对关系治理的分析，本研究认为绿色食品企业与农户的关系治理包括三个方面：

（1）信任。Gambetta（1988）认为，信任是一个特定的主观概率水平，某个人以此概率水平判断另一人或群体采取某个特定行动。若我们认为信任某人或者某人值得信任时，其内涵为，这个人采取一种对我们有利或者至少无害行动的概率很高，因此我们会考虑与他进行合作，即相信而敢于托付。从合作双方看，信任是一方对另一方的积极预期（Robbins，2002）。合作双方信任的建立，需要双方的互相了解和熟悉。

绿色食品企业与农户的合作之初，如果是建立在对农户的相信而敢于将生产过程托付给农户，那么农户在企业的信任之下，能够产生正向的激励，利于农户履行合约。绿色食品企业在选择合作农户时，获取农户的个人信息、家庭信息和生产信息，从而了解农户，确定合作农户后，在与农户相互了解的基础上建立认同关系。基于认同关系的合作，不会因为彼此偶尔的承诺不能兑现而破坏合作关系，同时彼此能够体察对方的需求与渴望，能够共同抵御不可预期的风险（万俊毅，2008）。

绿色食品企业与农户的合作一般具有长期性，交易双方更看重长远收益，相互信任能够有利于长期、稳定的合作。单次的违约可能会影响自身的声誉，对下一期的合作带来成本的增加，可能使违约成本的折现值高于违约的收益。同时，乡政府或者村委会的工作人员在绿色食品企业与农户的合作中发挥了中间人的作用，村委会对农户很熟悉，农户对村委会的信任感较强，企业与乡政府以及村委会的熟悉程度较强，从而信任感较强。因此，绿色食品企业与农户在乡政府以及村委会穿针引线的作用下，能够相互建立信任的态度，并进行自我约束，降低对方对机会主义行为的疑虑，降低合作成本和交易风险，有利于促进合作的持续性。

(2) 互惠。交易双方在合作过程中，只有实现了互惠，合作才能维持。如果在合作过程中一方获取的合作剩余小于其不参与合作的收益，则合作就不可能维持下去。互惠在绿色食品企业与农户的关系治理中主要体现在：当同类农产品市场价格高于契约价格时，绿色食品企业适当提高收购价格，让利于农户。当同类农产品市场价格低于契约价格时，农户接受绿色食品企业适当降价收购，让利于企业。交易过程中的互惠行为对合作的持续进行有积极作用。

互惠行为符合我国儒家思想义利观的思想，让人先"得益"，最后对自己也"有利"。我国广大农村民风淳朴、对人以诚相待、互惠的思想根深于农民心中。在与企业经营者访谈中，当提及当市场价格高于契约价格时，企业经营者表示按照市场价格收购农户农产品，以保障农户利益不受损失；同时企业获得稳定原材料，以保障生产的顺利进行。互惠使得企业不再为蝇头小利与农户斤斤计较，交易双方互相谦让，实现合作的长期进行。

(3) 互动。交易双方非正式交往活动的频度是关系治理中的一个构成要素。绿色食品企业与农户之间的非正式互动可以用有效沟通来表示。有效沟通有利于减少合作双方信息不对称，促进合作持续进行。在合作过程中，企业与农户的有效沟通表现在生产和生活两个方面。生产中分享双方的发展规划，及时沟通解决生产中遇到的问题、合作中出现的争议等。在生活方面，企业收集农户意见，了解农户民情民意，双方共同商讨合理的利益分配机制，对生活困难的农户提供帮助等。农户则对企业的关心做出感恩、合作意愿增强等正面回报，从而实现降低交易成本，实现交易的长期性和稳定性。

8.6 小结

本部分首先分析了企业与农户之间契约的形成，其次分析了企业与农户的委托—代理关系和双方的博弈以及农户的履约行为，最后分析了企业与农户合作关系的治理。

企业与农户之间契约的形成的主要研究结论为：从交易成本角度划分，契约包括三种类型，即古典契约、新古典契约和现代契约。绿色食品企业与农户之间契约的特征为：契约中交易价格体现优质优价的原则，农产品质量要求是契约的主要内容，农产品质量合格是双方合作的关键因素。

绿色食品企业与农户的委托—代理关系分别就企业和农户关于签约前的逆向选择和签约后的道德风险问题进行了分析。

绿色食品企业与农户的博弈包括单次博弈、重复博弈和资产专用性投入的博弈。其中：单次博弈的结果是形成非合作的纳什均衡，即合作失败。重复博弈的结果是实现帕累托最优，合作成功。资产专用性投入的博弈的结果是双方投入的专用性越强，契约越稳定。博弈中存在现实缺失，即现实中存在博弈中的显性违约和隐性违约。

农户的履约行为的研究，首先构建农户履约决策的理论模型，对农户履约行为进行了描述性分析。然后对农户履约行为影响因素进行了理论分析。理论分析表明，影响农户履约的因素主要有农户个人特征、农户道德风险行为特征、农户在生产中是否有资产专用性投资、契约形式、奖励机制等因素。最后对农户履约行为进行了实证分析。实证分析结果表明，"农户与企业合作后收益的变化"变量、"农户是否有资产专用性投资"变量、"契约价格的确定"变量、"货款支付方式"变量、"是否有奖励机制"变量对农户履约行为有显著影响作用。

农户与企业合作关系的治理包括合约治理和关系治理。从实践看,关系治理中信任、互惠和互动等要素在维护绿色食品企业与农户的合作关系的稳定性方面发挥了重要的作用。

9 结论与政策建议

9.1 研究结论

在食品安全问题频发的当今,食品生产者的生产行为尤其是食品质量安全控制行为非常值得关注和研究。绿色食品代表健康、优质、营养、安全的食品,绿色食品由我国农业部绿色食品发展中心专门管理。绿色食品生产者的生产行为尤其是质量控制行为的研究对揭示食品企业的生产行为,提高对食品企业的监督管理有着重要的意义。本研究以绿色食品生产者为研究对象,研究其生产中如何实施产品质量控制。通过研究,得出以下主要研究结论:

(1) 农户作为绿色食品原材料的生产者,其质量控制行为对绿色食品质量至关重要。本研究运用计划行为理论分析农户绿色蔬菜质量控制行为及影响因素。对512户农户的实证分析结果表明,预期收益、合作评价、农户质量控制特征、绿色蔬菜生产成本和农户个人特征五个变量对农户绿色蔬菜质量控制行为影响作用显著。

(2) 通过对企业实施绿色食品的认证意愿研究表明,产品类型、决策者对绿色食品认证的认知程度、政府食品安全监控作用、同行模仿企业数量、消费者对绿色食品的需求程度、价格预期和风险预期七个变量是企业实施绿色食品认证意愿的影响因素。

（3）通过对绿色食品企业质量控制行为分析，企业对质量控制的态度积极，认为产品质量控制与企业生存和发展紧密相关。实施绿色食品认证对企业成本的增加主要体现在生产设施建设费用和销售费用。实施绿色食品认证对企业收益的影响主要表现为顾客满意度提高、产品销量增加、产品销售价格的上升、企业经济效益提高，以及提高企业知名度、增强企业实力等方面。对企业实施绿色食品认证绩效评价结果表明：四川企业实施绿色食品认证的绩效水平总体趋势向好，企业普遍反映通过绿色食品认证的实施获得了较好的绩效。对构成企业实施绿色食品认证绩效的五个维度下的不同类型企业绩效进行了排序，其中财务绩效方面，肉及肉制品类企业绩效最好，其他四个维度中均是蔬菜瓜果类企业绩效最好。

（4）绿色食品企业生产中的质量控制行为实证分析表明，绿色食品企业实施质量控制的决策是在政府加强食品安全监管的社会环境下，消费者对食品安全重视程度不断提高的需求现状下，企业经营者自身食品安全意识增强，从而做出实施产品质量控制决策。绿色食品企业实施质量控制的激励机制包括显性激励和隐性激励。绿色食品企业质量控制行为理论分析的影响因素包括企业自身特征、政府监管因素和市场激励因素等。绿色食品企业质量控制行为实证研究的结果表明，企业自身特征中的"企业管理者受教育年限"变量、政府监管因素中的"政府惩罚力度"变量、市场激励因素中的"产品是否实现优质优价"变量、"实施绿色食品认证后企业成本收益变化"变量、"产品销量变化"变量对企业产品质量控制行为有正向且显著影响。

(5) 通过对企业与农户合作行为的分析，从理论上分析了影响农户履约行为的因素主要有农户个人特征、农户道德风险行为特征、农户在生产中是否有资产专用性投资、契约形式、奖励机制等因素。通过对农户履约行为的实证分析，结果表明："农户与企业合作后收益的变化"变量、"农户是否有资产专用性投资"变量、"契约价格的确定"变量、"货款支付方式"变量、"是否有奖励机制"变量对农户履约行为有显著影响作用。在农户与绿色食品企业合作关系的治理中，包括合约治理和关系治理，其中关系治理方式包括信任、互惠和互动三个方面。关系治理在维护绿色食品企业与农户的合作关系中发挥了重要的作用。

9.2 政策建议

根据以上研究结论，提出以下激励绿色食品生产者生产绿色食品的政策建议：

(1) 激励农户生产绿色食品。激励农户从事绿色食品的生产，主要是稳定农户绿色食品生产的预期收益，从经济激励的角度实现对农户的激励。在"企业+农户"模式中，农户收益与企业收购价格相关。在正常情况下，企业收购价格高于普通农产品市场价格，但是由于农产品价格波动较大等客观因素影响农户稳定收益。因此，政府财政对从事绿色食品生产农户应该给予适当的补贴，弥补农户生产成本，提高农户利润空间，形成对农户的经济激励。在实践中可以通过以下两种方式来实现：一是对农户进行直接补贴，按照农户从事绿色食品生产的面积或数量进行直接补贴；二是对农户生产绿色食品所需的生产资料进行补贴，按照绿色食品中化肥、农药、兽药使用准则，对农户承担的生产资料部分进行适当补贴，避免由于农资价格过高而影响农户的合理收益。

（2）激励企业提供绿色食品。企业作为我国绿色食品供给主体，其经济实力和生产能力直接影响我国绿色食品的供给水平。由于我国绿色食品企业整体经济实力较弱，科研投入不足，技术力量不强，而质量控制投入成本较高且回收缓慢，并且对企业技术研发有较高要求。因此，政府应该对企业质量控制技术开发和检验设备购置等方面提供政策性融资和税收方面的优惠，为企业与科研院校提供技术研发合作平台，组织社会资源参与质量控制技术的开发与推广，从而降低企业质量控制投入成本。此外，发展绿色食品能够实现社会效益、生态效益和经济效益，对农业资源环境的可持续发展有积极作用。因此，政府对绿色食品企业应该实行奖励机制，按照企业产量、绿色食品产品品种实行奖励，形成鼓励企业从事绿色食品生产、加工的政策环境，鼓励企业供给绿色食品的积极性。此外，鼓励我国绿色食品行业内间合作，促进绿色食品企业质量控制水平的提高。

（3）形成绿色食品良好供给环境。绿色食品良好的供给环境有利于推动绿色食品实现"优质优价"，增加生产者的收益。绿色食品良好供给环境的形成根本在于绿色食品的质量安全、优质，从而提升绿色食品在消费者心目中的地位。绿色食品"质优"的关键在于生产者质量控制行为。规范生产者质量控制行为的关键在于：一是建立政府严格的监管制度。为了更有效地实施食品安全监管，2013年3月10日国务院组建国家食品药品监督管理总局，体现了政府对食品监管的高度重视，严格的监管制度对绿色食品生产者质量控制行为有积极作用。二是建立高额的惩罚机制。目前我国现有法律法规执行力度不高，对食品生产者的违规操作惩罚力度太轻，不足以对企业形成约束作用。应该对生产中的违规操作行为采取高额惩罚,惩罚足够高让该企业无力再重新开展生产。

(4) 提高政府对绿色食品生产者的服务水平。政府对农户的服务具体措施为:一是对农户食品质量安全相关法律法规的宣传,提高农户食品质量安全意识;二是对农户绿色食品生产标准的宣讲,帮助农户掌握所生产绿色食品的生产标准;三是对农户绿色食品具体生产过程进行现场技术指导,提高农户生产能力;四是做好气温变化的提前预测,以及病虫害防治的预报,以便农户及时预防,采取有效的防止措施;五是加强对环境污染的治理,为绿色食品生产提供良好的生态环境条件;六是加强绿色食品无毒、高效农药、化肥、兽药的研究开发,向农户积极推广农业科技新成果、新技术。政府对绿色食品企业的服务具体措施为:一是为绿色食品企业提供质量控制技术支持,提供公共资源弥补市场机制的缺陷;二是政府加大对公众绿色食品的宣传力度,加深消费者对绿色食品的了解程度,为绿色食品企业开拓市场。

(5) 建立并公开绿色食品质量信息系统。绿色食品质量信息系统的建立便于消费者随时查询和掌握绿色食品质量信息,解决食品质量信息不对称的问题,增强消费者对绿色食品的信任感,进而扩大绿色食品的有效需求。

(6) "企业+农户"模式中保护农户利益。"企业+农户"模式应该提高农户的谈判地位和谈判能力,加强农户与企业的利益联结,建立合理的利益分配机制,保护农民利益,让农户获得企业的"二次返利",促进农户与绿色食品企业的合作积极性,使农户成为绿色食品产业发展的积极参与者和受益者。合作中农户专用性投资可能导致企业挤占"准租金",在双方契约中增加保护性措施和保护性条款。

参考文献

[1] Ajzen, I. &Fishbein, M. Attitude-behavior Relations: a Theoretical Analysis and Review of Empirical Research [J]. Psychological Bulletin, 1977, 34 (5): 888-918.

[2] Ajzen, I. &Fishbein, M. Understanding attitudes and predicting social behavior [M]. Englewood Cliffs, NJ: Pretice-Hall, 1980: 42-50.

[3] Ajzen, I. Attitudes, Personality, Behavior [M]. Chicago, The Dorsey Press, 1988: 2-15.

[4] Ajzen, I. The Theory of Planned Behavior [J]. Organizational Behavior and Human Decision Processes, 1991, 50 (2): 179-211.

[5] Akerlof, G. A. The Market for Lemons: Qualitative Uncertainty and the Market Mechanism [J]. Quarterly Journal of Economics, 1970 (84): 488-500.

[6] Antle, J. M. Choice and efficiency in food safety policy [M]. Washiondon, DC: AEI Press, 1995: 25-26.

[7] Antle, J. M. No Such Thing as a Free Safe Lunch: The Cost of Food Safety Regulation in the Meat Industry [J]. Amer. J. Agr. Econ., 2000 (82): 310-322.

[8] Antle, J. M. Benefits and cost of food safety regulation

[J]. Food Policy, 1999 (24): 605-623.

[9] Baker, George, Gibbons, Robert&Murphy, Kevin J.: Relational Contracts and The Theory of The Firm [J]. Quarterly Journal of Economics, 2002, 117 (1): 39-84.

[10] Beohlje, M, and Schrader, LF. The Industrialization of Agriculture: Questions of Coordination, In the Industrialization of Agriculture [M]. eds. J. S. Royer and R. C. Rogers. Great Britain: The Ipawich Book Company, 1998.

[11] Buzby. J. C, and Frenzen, P. D. Food Safety and Product Liability [J]. Food Policy, 1999 (24): 637-651.

[12] Carson, S., Madhok, A., and Wu, T., Uncertainty, Opportunism and Governance: The Effects of Volatility and Ambiguity on Formal and Relational Contracting [J]. Academy of Management Journal, 2006 (5)

[13] Caswell, J. A. Use of Food Labelling Regulation [A]. Food, agriculture, and Fisheries, Committee for Agriculture, Paris: Organisation for Economic Co-operation and Development, 1997: 35-37.

[14] Casewell, J. A., Brudahl, M. E. &Hooker, N. H. How quality management metasystems are affecting the food industry? [J]. Review of Agricultural Economics, 1998 (20): 547-557.

[15] Casewell, J. A.: Valuing the Benefits and Costs of Improved Food Safety and Nutrition [J]. The Australian Journal of Agricultural and Resource Economics, 1988 (4): 409-424.

[16] Charlotte Yapp, Robyn Fairman. Factors Affecting Food Safety Compliance Within Small and Medium-Sized Enterprises: Implications for Regulatory and Enforcement Strategies [J]. Food Control, 2006, 17: 42-51.

[17] Dwyer F R, Schurr P H, Oh S. Developing Buyer-Seller Relationships [J]. Journal of Marketing, 1987, 51 (4): 11-27.

[18] Emmanuel raynaud, Lorc sauvee and Egizio valceschini,. Alignment Between Quality Enforcement Devices and Governance Structures in Agro-Food Vertical Chains [J]. Journal of Management and Governance, 2005, 9: 47-77.

[19] FAO/WHO. Assuring Food Safety and Quality: Guidelines for Strengthening National Food Control Systems [A]. Rome: Food and Agriculture Organization, 2003: 56-57.

[20] Gomez, M. I C., Maria case of the Colombian P. &Torres, J. A. Private Initiatives on food safety: the poultry industry [J]. Food Control, 2002 (13): 83-86.

[21] Goodwin, H. L. and Rimma, Shiptsova, Changes in Market Equilibria Resulting From Food Safety Regulation in the Meat and Poultry Industries [J]. The International Food and Agribusiness Management Review, 2002, 5 (1): 61-74.

[22] Grossman. S. J. The Information Role of Warranties and Private Disclosure about Quality [J]. Journal of Law and Economics, 1981, 24 (3): 461-483.

[23] Hassan, F., Caswell, J. A. &Neal, H. H.: Motivations of Fresh-cut Produce Firm to Implement Quality Management System [J]. Review of Agricultural Economics, 2006, 28 (1): 132-146.

[24] Helen H Jensen, Laurian J Unnevehr. HAPPC in Pork Processing: Costs and Bnefits, Center for Agricultural and Rural Development at Iowa State University, 1999.

[25] Hennessy, David, A., Information Asymmetry As a Reason For Food Industry Vertical Integration [J]. American Journal of

Agricultural Economics, 1996, 78 (11): 1034-1043.

[26] Henson, S. The Economice of Food Safety in Developing Countries [EB/OL]. Agricultural and Development Economics Division, the Food and Agriculture Organization of the United Nations, ESA Working Paper, 2003 (12): 1-99.

[27] Henson, Spencer and Julie Caswell: Food Safety Regulation: an Overview of Contemporary Issues [J]. Food Policy, 1999 (24): 589-603.

[28] Henson, S. and Hook, N. H: Private Sector Management of Food Safety. Public Regulation and the Role of Private Controls [J]. The International Food and Agribusiness Management Review, 2001, 4 (1): 7-17.

[29] Henson S, J., Northen, J., Consumer Assessment of the Safety of Beef at the Point of Purchase: a Pan-European Study [J]. Journal of Agricultural Economics, 2000 (1): 90-105.

[30] Hobbs, J. E. Information Asymmetry and the Role of Traceability Systems [J]. Agribusiness: An International Journal, 2004, 20 (4): 397-415.

[31] Hobbs, J. E, Fearne, A &Spriggs, J. Incentive Structures for Food Safety and Quality Assurance: an International Comparison [J]. Food Control, 2002, 13 (2): 77-81.

[32] Holleran, E., Bredahl, M. Transaction Costs and Institutional Innovation in the British Food Sector [J]. Food Safety, 1997 (3): 403-419.

[33] Holleran, E. B, Emaury, L Zaibet, Private Incentives for Adopting Food Safety and Quality Assurance [J]. Food Policy, 1999, 24 (6): 669-683.

[34] Jensen, M., and Meckling, W., 1976, Theory of the

Firm: Managerial Behabvior, Agency Costs, and Owership Structure [J]. Journal of Financial Economics, 1976, 3 (4): 305-360.

[35] John M Antle. Efficient Food Safety Regulation in the Food Manufacturing Sector [J]. American Journal of Agricultural Economics, 1996 (12): 1242-1247.

[36] Klein W R, Hillebrand B, Nooteboom B. Trust, Contract and Relationship Development [J]. Organization Studies, 2005, 26 (6): 813-840.

[37] Kreps, D., and Wilson, R., Reputation and Imperfect Information [J]. Journal of Economic Theory, 1982 (2) .

[38] Macneil I R. Contracts-Adjustment of Long-Term Economic Relations Under Classical, Neoclassical, and Relational Contract Law [J]. Northwestern University Law Review, 1978, 72 (6): 854-905.

[39] Macneil I R. The New Social Contract: An Inquiry Into Modern Contractural Relations [M]. New Haven: Yale University Press, 1980.

[40] Mighell, R. L., and Jones, L. A., Vertical Coordination In Agriculture, U. S. Department of Agriculture, Economic Research Sevice, Agricultural Economic Report, 1963.

[41] Poppo L, Zenger T. Do Formal Contracts and Relational Governance Fuction as Substitutes or Complements? [J]. Strategic Management Journal, 2002, 23 (8): 707-725.

[42] Reardon, M. etc., Global Change in Agrifood Grades and Standards: Agribusiness Strategic Responses in Developing Countries. International Food and Agribusiness Management Review, 2002: 421-435.

[43] Reardon, Thomas and Barrett, Chtistopher B. Agroindus-

trialization, Globalization, and International Development: An Overview of Issues, Patters, and Determinants [J]. Agricultural Economics, 2000 (23): 195-205.

[44] Reardon, T., Cordron, J. M., Busch, L., Bingen, J., Harris, C.: Gloabal Change in Agrifood Grades and Standards: Agribusiness Strategic Responses in Devolping Countried, International Food and Agribusiness Management Review, 2001, 2 (3): 329-334.

[45] R, H. Coase. The Nature of the Firm. Economic [J]. New Series, 1937, 4 (16): 386-405.

[46] Robert. Kaplan and David. Norton. The balanced score and measures that drive performance [J]. Havard Business Review, 1992, 71-79.

[47] Robert. Kaplan and David. Norton. Putting the balanced scorecard to work [J]. Harvard Business Review, 1993: 11-132.

[48] Robert. Kaplan and David. Norton. Using The balanced scorecard as a strategic management system [J]. Harard Business Review, 1996: (2) 180-182.

[49] Robbins, S., Organizational Behavior (10th Edition), Prentice Hall. 2002.

[50] Rugman, A. M., Verbeka, A. Corporate Strategies and Environmental Regulation [J]. Strategic Management Journal, 1998, 19 (4) 363-375.

[51] Seddon, J., Davis, R., Loughran, M., Murrell, R., 1993. Implementation and Value Added: A Survey of Registered Companies [M]. Vanguard Consulting Ltd Buckingham, 1993.

[52] Spencer Henson Michael Heasman Food Safety Regulation and the Firm: Understanding the Compliance Process Food Policy.

1998. 23 (1): 9-23.

[53] S. Ross. The Economics Theory of Agency: the Principal's Problem [J]. American Economic Review, 1973 (63): 134-139.

[54] Starbird, S. A., Designing Food Safety Regulations: The Effect of Inspection Policy and Penalties for Non-Compliance on Food Processor Behavior [J]. Journal of Agriculture and Resource Economics, 2000, 25 (2): 615-635.

[55] Stephen F. Hamilton, David L. Sunding, David Zilberman. Public goods and the value of product quality regulations: the case of food safety [J]. Journal of Public Economics. 87 (2003), 799-817.

[56] Tompkin R. B. Interactions between government and industry food safety activities [J]. Food Control, 2001 (12): 203-207.

[57] Uzzi, B, Embeddedness in the Making of Financial Capital: How Social Relation and Networks Benefit Firms Seeking Financing [J]. American Socialogical Review, 1999 (64): 481-505.

[58] Udith, J. M. K.: Economic Incentives for Firms to Implement Enhanced Food Safety Controls: Case of the Canadian Red Meat and Poultry Processing Sector [J]. Review of Agricultural Economics, 2006, 28 (4): 494-514.

[59] Wang L. Coopetiton Mechanism in Supply Chain Network: An Evolutionary Game Theory Approach. Forecasting, 2007: 12-17.

[60] Williamson, O. E., The mechanisms of governance. Oxford University Press, New York, 1996.

[61] Willimason, S., and Karen, R., Agribusiness and the Small-Scale Farmer: A Dynamic Partnership for Development [M].

Boulder, Co: Westview Press, 1985.

[62] Willimason, O. E., Markets and Hierarchies: Analysis and Antitrust Implications [M]. New Yok: Free Perss, 1975.

[63] Willimason, O. E., The Economic Institution of Capitalism: Firms,, Markets, Relational Contracting [M]. NewYokr: FreePress, 1985.

[64] Williamson O E. Comparative Economic Organization: The Analysis of Discrete Structural Alternatives [J] Administrative Science Quarterly, 1991, 36 (2): 269-296.

[65] Wilson. The Nature of Equilibrium in Market with Adverse Selection [J]. Boll Journal Economics, 1980 (11): 108-130.

[66] Zaibet L, Bredahl M. Grains From ISO Certification in the UK Meat Sector [J]. Agribusiness, 1997, 13 (4): 375-384.

[67] Zylbersztajn, Decio, Tomatoes and Courts: Strategy of Agro-industry Facing Weak Contract Enforcement, School of Economic and Business, University of Sao Paulo, Brazil. Worker Paper, 2003 (8).

[68] 阿兰·斯密德. 制度与行为经济学 [M]. 刘璨, 吴水荣, 译. 北京: 中国人民大学出版社, 2004.

[69] 奥利弗·E. 威廉姆森. 治理机制 [M]. 王健, 等, 译. 北京: 中国社会科学出版社, 2001.

[70] 白丽. 基于食品安全的行业管制与企业行动研究 [D]. 长春: 吉林大学, 2005.

[71] 陈灿, 罗必良. 农业龙头企业对合作农户的关系治理 [J]. 中国农村观察, 2011 (6): 46-57.

[72] 陈灿, 万俊毅, 吕立才. 农业龙头企业与农户间交易的治理——基于关系契约理论的分析 [J]. 华中农业大学学报, 2007 (4): 42-47.

[73] 陈凤霞,吕杰. 农户采纳稻米质量安全技术影响因素的经济学分析——基于黑龙江省稻米主产区325户稻农的实证分析[J]. 农业技术经济,2010(2):84-89.

[74] 陈倩. 我国绿色食品标准体系建设及发展探讨[J]. 农产品质量与安全,2010(2):23-26.

[75] 陈雨生,乔娟,赵荣. 农户有机蔬菜生产意愿影响因素的实证分析——以北京市为例[J]. 中国农村经济,2009(7):20-30.

[76] 蔡荣,祁春节. 农业产业化组织形式变迁——基于交易费用与契约选择的分析[J]. 经济问题探索,2007(3):28-31.

[77] 蔡荣. "合作社+农户"模式:交易费用节约与农户增收效应——基于山东省苹果种植农户问卷调查的实证分析[J]. 中国农村经济,2011(1):58-65.

[78] 崔彬,潘亚东,钱斌. 家禽加工企业质量安全控制行为影响因素的实证分析——基于江苏省112家企业的数据[J]. 上海经济研究. 2011(8):83-89.

[79] 代云云,徐翔. 基于收购方角度的农户道德风险分析——以江苏省安全蔬菜种植户生产行为为例[J]. 现代经济探讨,2011(7):69-73.

[80] 丁君风,田建芳. 企业绩效评价主体与方法的演讲[J]. 现代经济探头,2005(11):67-72.

[81] 邓晨亮. 黑龙江省绿色食品产业集群发展研究[D]. 哈尔滨:东北林业大学,2007.

[82] 邓宏图,米献炜. 约束条件下合约选择和合约延续性条件分析——内蒙古赛飞亚集体有限公司和农户持续签约的经济解释[J]. 管理世界,2002(12):120-127.

[83] 董维维,庄贵军. 关系治理的本质解析及其在相关研

究中的应用[J].软科学,2012(9):133-137.

[84]樊红平.中国农产品质量安全认证体系与运行机制研究[D].北京:中国农业科学院,2011.

[85]樊孝凤.我国生鲜蔬菜质量安全治理的逆向选择研究——基于产品质量声誉理论的分析[D].武汉:华中农业大学,2007.

[86]冯忠泽,李庆江.农户农产品质量安全认知及影响因素分析[J].农业经济问题,2007(4):22-26.

[87]冯忠泽,李庆江,任爱胜.农产品生产企业质量安全成本收益及决策机制分析[J].农业系统科学与综合研究,2009(5):208-212.

[88]高群.绿色食品产业集群生成机理研究[D].福州:福建农林大学,2007.

[89]郭红东.农业龙头企业与农户订单安排及履约机制研究[D].杭州:浙江大学,2005.

[90]郭红东.龙头企业与农户订单安排与履约:理论和来自浙江企业的实证分析[J].农业经济问题,2006(2):36-42.

[91]郭晓鸣,廖祖君,孙彬.订单农业运行机制的经济学分析[J].农业经济问题,2006(11):15-18.

[92]郭志刚.社会统计分析方法——SPSS软件应用[M].北京:中国人民大学出版社,1999.

[93]谷川,安玉发,刘畅."农超对接"模式中质量控制力度的研究[J].软科学,2011(6):21-24.

[94]韩明谟.农村社会学[M].北京:北京大学出版社,2001.

[95]韩耀.中国农户生产行为研究[J].经济纵横,1995(5):29-3.

[96] 韩杨. 中国绿色食品产业演进及其阶段特征与发展战略 [J]. 中国农村经济, 2010 (2): 33-43.

[97] 韩杨, 陈建先, 李成贵. 中国食品追溯体系纵向协作形式及影响因素分析——以蔬菜加工企业为例 [J]. 中国农村经济, 2011 (12): 54-67.

[98] 何坪华, 凌远云. 订单农业发展中企业与农户之间的利益矛盾及其协调机制—基于湖北宜昌夷陵地区的调查 [J]. 调研世界, 2004 (6): 22-26.

[99] 贺景平. 黑龙江发展绿色食品问题对策研究 [J]. 商业研究, 2006 (4): 102-104.

[100] 胡新艳, 沈中旭. "公司+农户"型农业产业化组织模式契约治理的个案研究 [J]. 经济纵横, 2009 (12): 83-86.

[101] 华红娟, 常向阳. 供应链模式对农户食品质量安全生产行为的影响研究——基于江苏省葡萄主产区的调查 [J]. 农业经济经济, 2011.9: 108-117.

[102] 黄金国, 陈国庆. 加入WTO后广东发展绿色食品产业的思考 [J]. 商业研究, 2006 (4): 184-186.

[103] 靳明, 郑少锋. 我国绿色农产品市场中的博弈行为分析 [J]. 财贸经济, 2006 (6): 38-41.

[104] 靳明, 赵昶. 绿色农产品消费意愿的经济学分析 [J]. 财经论丛, 2007 (11): 85-91.

[105] 靳明, 赵昶. 绿色农产品消费意愿和消费行为分析 [J]. 中国农村经济, 2008 (5): 44-55.

[106] 贾伟强, 贾仁安. "公司+农户"模式中的公司与农户: 一种基于委托——代理理论的解释 [J]. 农村经济, 2005 (8): 34-37.

[107] 科斯. 企业、市场和法律 [M]. 盛洪, 陈郁, 译. 上海: 上海三联书店, 1990.

[108] 孔国荣, 吴萍. "订单农业"履约率低的法律思考 [J]. 江西社会科学, 2005 (1): 153-155.

[109] 李翠霞, 宋德军. 我国绿色食品产业不同发展阶段对物流战略管理的需求研究 [J]. 农业经济问题, 2007 (9): 81-85.

[110] 李翠霞. 黑龙江省绿色食品企业生产结构分析 [J]. 商业研究, 2006 (9): 9-12.

[111] 李玉勤. 杂粮种植农户生产行为分析——以山西省谷子种植农户为例 [J]. 农业技术经济, 2010 (12): 44-53.

[112] 黎洁. 西部贫困山区农户的采药行为分析——以西安周至县为例 [J]. 资源科学, 2011, 33 (6): 1131-1137.

[113] 李显军. 中国绿色食品产业化发展研究——理论、模式与政策 [D]. 北京: 中国农业大学, 2005.

[114] 卢昆, 马九杰. 农户参与订单农业的行为选择与决定因素实证研究 [J]. 农业技术经济, 2010 (9): 10-17.

[115] 卢良恕. 我国农产品质量安全工作的进展与对策: 要实现农产品从农田到餐桌的全程监控 [J]. 农业质量标准, 2003 (1): 8.

[116] 廖祖君. 农民合作经济组织的激励机制及其演变路径 [J]. 经济体制改革, 2010 (3): 89-92.

[117] 刘畅, 张浩, 安玉发. 中国食品质量安全薄弱环节、本质原因及关键控制点研究——基于1460个食品质量安全事件的实证分析 [J]. 农业经济问题, 2011 (1): 24-31.

[118] 刘凤芹. "公司+农户"模式的性质及治理关系探究 [J]. 社会科学战线, 2009 (5): 45-50.

[119] 刘凤芹. 不完全合约与履约障碍——以订单农业为例 [J]. 经济研究, 2003 (4).

[120] 刘广第. 质量管理学 [M]. 北京: 清华大学出版社,

2003: 325-349.

[121] 刘洁, 祁春节. "公司+农户"契约选择的影响因素研究: 一个交易成本分析框架 [J]. 经济经纬, 2009 (4): 106-109.

[122] 刘连馥. 绿色食品导论 [M]. 北京: 企业管理出版社, 1998.

[123] 刘荣茂, 马林靖. 农户农业生产性投资行为的影响因素分析——以南京市五县区为例的实证研究 [J]. 农业经济问题, 2006 (12): 22-26.

[124] 刘梅. 中国绿色食品经济发展研究 [D]. 武汉: 华中农业大学, 2003.

[125] 刘彦, 邹家明, 陈秀华. 黑龙江省发展绿色食品产业对策研究 [J]. 商业研究, 2010 (4): 107-111.

[126] 刘植培. 基于平衡计分卡的战略性企业业绩评价体系研究 [D]. 上海: 东华大学, 2004, 25-33.

[127] 吕美晔, 王凯. 山区农户绿色农产品生产的意愿研究——安徽皖南山区茶叶生产的实证分析 [J]. 农业技术经济, 2004 (5): 33-73.

[128] [美] 罗伯特·卡普兰, 戴维·诺顿. 平衡积分卡——化战略为行动 [M]. 刘俊勇, 孙薇, 译. 广州: 广东经济出版社, 2004: 3-35.

[129] 罗峦, 曹炜. 基于"钻石"理论的中国绿色食品产业发展思考 [J]. 农业现代化研究, 2006 (5): 222-225.

[130] 牛若峰. 21世纪中国农业发展的战略转变 [J]. 调研世界 2000 (6): 10-13.

[131] 牛若峰. 农业产业化经营的组织方式和运营机制 [M]. 北京: 北京大学出版社, 2000.

[132] 欧阳昌民. "公司+农户"契约设计及价格形成机制

[J]. 经济问题, 2004 (2): 57-58.

[133] 彭建仿, 杨爽. 共生视角下农户安全农产品生产行为选择——基于407个农户的实证分析[J]. 中国农村经济, 2011 (12): 68-78.

[134] 秦晖. 传统与当代农民对市场信号的心理反应——也谈所谓"农民理性"问题[J]. 战略与管理, 1996 (2): 18-27.

[135] 瞿珊珊. 龙头企业与农户合作关系: 治理、绩效与影响因素[D]. 武汉: 华中农业大学, 2009.

[136] 恰亚诺夫. 农民的经济组织[M]. 萧正洪, 译. 北京: 中央编译出版社, 1996.

[137] 沙鸣, 孙世民. 供应链环境下主任质量链链节点的重要程度分析——山东等16省(市) 1156份问卷调查数据[J]. 中国农村经济, 2011 (9): 49-59.

[138] 史清华. 农户经济增长与发展研究汇[M]. 北京: 中国农业出版社, 1999.

[139] 史清华. 农户经济活动及行为研究[M]. 北京: 中国农业出版社, 2001.

[140] 史清华. 农户经济可持续发展研究——浙江十村千户变迁(1986—2002) [M]. 北京: 中国农业出版社, 2005.

[141] 邵立民. 我国绿色农业与绿色食品战略选择及对策研究[D]. 沈阳: 沈阳农业大学, 2002.

[142] 申强, 侯云先. 奶农与企业原料奶质量控制行为进化博弈分析[J]. 农业技术经, 2011 (8): 26-33.

[143] 涂国平, 冷碧滨. 基于博弈模型的"公司+农户"模式契约稳定性及模式优化[J]. 中国管理科学, 2010 (6): 148-157.

[144] 谭智心, 孔祥智. 不完全契约、非对称信息与合作

社经营者激励——农民专业合作社"委托—代理模型的构建及其应用 [J]. 中国人民大学学报, 2011 (5): 34-42.

[145] 吴秀敏. 我国猪肉质量安全管理体系研究 [M]. 北京: 中国农业出版社, 2006.

[146] 吴秀敏. 养猪户采用安全兽药的意愿及其影响因素——基于四川省养猪户的实证分析 [J]. 中国农村经济, 2007 (9): 17-38.

[147] 吴元元. 信息基础、声誉机制与执法优化——食品安全治理的新视野 [J]. 中国社会科学, 2012 (6): 115-133.

[148] 吴彰叶. 基于BSC的工程项目团队绩效评价指标体系研究 [D]. 南京: 南京航空航天大学, 2007, 34-35.

[149] 威廉姆森. 生产的纵向一体化: 市场失灵的考察 [J]. 美国经济评论, 1971 (5): 45-46.

[150] 威廉姆森. 资本主义经济制度一论企业签约与市场签约 [M]. 段毅才, 等, 译. 北京: 商务印书馆, 2002.

[151] 卫龙宝, 王恒彦. 安全果蔬生产者的生产行为分析——对浙江省嘉兴市无公害生产基地的实证研究 [J]. 农业技术经济, 2005 (6): 2-7.

[152] 魏益民. 论国家食品安全控制体系及其相互关系 [J]. 中国食物与营养, 2008 (9): 9-11.

[153] 王德章. 中国绿色食品产业发展与出口战略研究 [M]. 北京: 中国财政经济出版社, 2004.

[154] 王德章, 曹继晨. 国际贸易新特点与我国绿色食品出口发展对策 [J]. 商业研究, 2006 (16): 190-194.

[155] 王德章, 李龙, 李翠霞. 我国绿色食品产业集群创新与发展竞争优势研究 [J]. 农业经济问题, 2007 (5): 91-94.

[156] 王德章, 赵大伟, 杜会永. 中国绿色食品产业结构

优化与政策创新 [J]. 中国工业经济, 2009 (9): 67-76.

[157] 王芳, 陈松, 樊红平, 等. 农户实施农业标准化生产行为的理论和实证分析——以河南为例 [J]. 农业经济问题, 2007 (12): 75-79.

[158] 王国猛, 等. 个人价值观、环境态度与消费者绿色购买行为关系的实证研究 [J]. 软科学, 2010 (4): 135-140.

[159] 王慧敏, 乔娟. 农户参与食品质量安全追溯体系的行为与效益分析——以北京市蔬菜种植农户为例 [J]. 农业经济问题, 2011 (2): 45-51.

[160] 王静, 霍学喜, 贾丹花. 绿色农产品生产中的机会主义与农户网络组织信任 [J]. 农业技术经济, 2011 (2): 66-75.

[161] 王建明. 消费者资源节约与环境保护行为及其影响机理——理论模型、实证检验和管制政策 [M]. 北京: 中国社会科学出版社, 2010.

[162] 王可山, 王芳. 质量安全保障体系对农户安全农产品生产行为影响的实证研究 [J]. 农业经济, 2010 (10): 69-71.

[163] 王赛德. "龙头" 企业与农户的合约选择——基于风险和风险态度的解释 [J]. 当代经济科学, 2006 (5): 20-23.

[164] 王世表, 阎彩萍, 李平等. 水产养殖企业安全生产行为的实证分析——以广东省为例 [J]. 农业经济问题, 2009 (3): 21-27.

[165] 王维. 农产品加工企业成长能力研究 [D]. 哈尔滨工程大学, 2008.

[166] 王亚静, 祁春节. 我国契约农业中龙头企业与农户的博弈分析 [J]. 农业技术经济, 2007 (5): 25-30.

[167] 王亚静. 中国契约农业交易行为的理论分析与实证

研究［D］.武汉：华中农业大学，2007.

［168］王运浩.我国绿色食品和有机农产品发展成效与对策［J］.农产品质量与安全.2010（2）：10-13.

［169］王运浩.中国绿色食品发展现状与发展战略［J］.中国农业资源与区划.2011（6）：8-13.

［170］王运浩.绿色食品和有机食品发展成效及推进策略［J］.农产品质量与安全.2012（2）：8-10.

［171］王志刚.HACCP经济学基于食品加工企业和消费者的实证研究［M］.北京：中国农业科学技术出版社，2007.

［172］王志刚，翁燕珍，杨志刚，等.食品加工企业采纳HACCP体系认证的有效性：来自全国482家食品企业的调研［J］.中国软科学，2006（9）：69-75.

［173］王志刚，李腾飞，彭佳.食品安全规制下农户农药使用行为的影响机制分析——基于山东省蔬菜出口产地的实证调研［J］.中国农业大学学报，2011，16（3）：164-168.

［174］王俊豪.政府管制经济学导论［M］.北京：商务印书馆，2001.

［175］王瑜.垂直协作与农户质量控制行为研究——基于江苏省生猪行业的实证分析［D］.南京：南京农业大学，2008.

［176］万俊毅.准纵向一体化、关系治理与合约履行——以农业产业化经营的温氏模式为例［J］.管理世界，2008（12）：93-102.

［177］万俊毅，彭斯曼，陈灿.农业龙头企业与农户的关系治理：交易成本视角［J］.农村经济，2009（4）：25-28.

［177］万俊毅.公司+农户的组织制度变迁：诱致抑或强制［J］.改革，2009（1）：91-96.

［178］西奥多·W.舒尔茨.改造传统农业［M］.梁小民，译.北京：商务印书馆，1999.

[179] 徐忠爱. "农联模式"的产权结构和治理机制——基于公司与农户契约关系的视角 [J]. 山西财经大学学报, 2009 (9): 14-20.

[180] 许启金. 食品安全供应链中核心企业的策略与激励机制研究 [D]. 杭州: 浙江工商大学, 2010.

[181] 薛昭胜. 期权理论对订单农业的指导与应用 [J]. 中国农村经济, 2001 (20):: 73-76.

[182] 杨锦秀. 中国蔬菜产业发展的经济学分析 [D]. 成都: 西南财经大学, 2005.

[183] 杨天和. 基于农户生产行为的农产品质量安全问题的实证研究——以江苏省水稻生产为例 [D]. 南京: 南京农业大学, 2006.

[184] 杨万江. 食品安全管理的困境与出路 [J]. 农业经济, 2004 (1): 10-11.

[185] 杨万江, 李勇, 李剑锋, 等. 我国长江三角洲地区无公害农产品生产的经济效益分析 [J]. 中国农村经济, 2004 (4): 17-23.

[186] 杨万江. 安全农产品生产经济效益研究—基于农户及其关联企业的实证分析 [D]. 杭州: 浙江大学, 2006.

[187] 杨万江. 食品安全生产经济研究——基于农户及其关联企业的实证分析 [M]. 北京: 中国农业出版社, 2006.

[188] 于爱芝, 李锁平. 信息不对称与逆向选择——我国绿色蔬菜质量安全问题的经济学分析 [J]. 消费经济, 2007 (6): 70-73.

[189] 余志刚, 戴晓武, 郭翔宇. 出口食品加工企业对HACCP体系认证意愿的实证分析 [J]. 中国乳品工业, 2010 (11): 53-56.

[190] 曾寅初, 夏薇, 黄波. 消费者对绿色食品的购买与

认知水平及其影响影响——基于北京市消费者调查的分析[J]. 消费经济, 2007 (2): 38-42.

[191] 展进涛, 徐萌, 谭涛. 供应链协作关系、外部激励与食品企业质量管理行为分析——基于江苏省、山东省猪肉加工企业的问卷调查[J]. 农业技术经济, 2012 (2): 39-47.

[192] 赵建欣. 农户安全蔬菜供给决策机制研究——基于河北、山东和浙江菜农的实证[D]. 杭州: 浙江大学, 2008.

[193] 赵建欣, 张忠根. 农户安全蔬菜供给决策机制实证分析——基于河北省定州市、山东省寿光市和浙江省临海市菜农的调查[J]. 农业技术经济, 2009 (5): 31-38.

[194] 周德翼, 杨海娟. 食物质量安全管理中的信息不对称与政府监管机制[J]. 中国农村经济, 2002 (6): 29-35.

[195] 周峰. 基于食品安全的政府规制与农户生产行为研究——以江苏省无公害蔬菜生产为例[D]. 南京: 南京农业大学, 2008.

[196] 周洁红. 生鲜蔬菜质量安全管理问题研究[M]. 北京: 中国农业出版社, 2005.

[197] 周洁红. 食品管理问题研究与进展[J]. 农业经济问题, 2004 (4): 26-29.

[198] 周洁红, 胡剑峰. 蔬菜加工企业质量安全管理行为及其影响因素分析——以浙江为例[J]. 中国农村经济, 2009 (3): 45-56.

[199] 周洁红, 叶俊焘. 我国食品安全管理中HACCP应用的现状、瓶颈与路径选择[J]. 农业经济问题 2007 (8): 55-61.

[200] 周洁红, 姜励卿. 农产品质量安全追溯体系中的农户行为分析[J]. 浙江大学学报, 2007 (2): 118-127.

[201] 周洁红. 农户蔬菜质量安全控制行为及其影响因素

分析——基于浙江省 396 户菜农的实证分析 [J]. 中国农村经济, 2006 (11): 25-34.

[202] 周立群, 曹利群. 商品契约优于要素契约——以农业产业化经营中的契约选择为例 [J]. 经济研究, 2002 (1): 14-19.

[203] 周云峰. 黑龙江省绿色食品区域品牌竞争力提升研究 [D]. 哈尔滨: 东北林业大学, 2010.

[204] 张春勋. 农产品交易的关系治理: 对云南省通海县蔬菜种植户调查数据的实证分析 [J]. 中国农村经济, 2009 (8): 32-42.

[205] 张海英, 王厚俊. 绿色农产品的消费意愿溢价及其影响因素实证研究——以广州市消费者为例 [J]. 农业技术经济, 2009 (6): 62-69.

[206] 张惠才, 等. 中国食品安全管理体系认证有效性研究 [J]. 食品科学, 2006, 27 (10): 568-570.

[207] 张利国, 徐翔. 消费者对绿色食品的认知及购买行为分析——基于南京市消费者的调查 [J]. 现代经济探讨, 2006 (4): 50-54.

[208] 张利国. 我国安全农产品有效供给的长效机制分析 [J]. 农业经济问题, 2010 (12): 71-74.

[209] 张利国. 安全认证食品产业发展研究 [M]. 北京: 中国农业出版社, 2006.

[210] 张连刚. 基于多群组结构方程模型视角的绿色购买行为影响因素分析——来自东部、中部、西部的数据 [J]. 中国农村经济, 2010 (2): 44-56.

[211] 张婷. 农户绿色蔬菜生产行为研究——以四川省 512 户绿色蔬菜生产农户为例 [J]. 统计与信息论坛, 2012 (12): 88-95.

[212] 张维迎. 博弈论与信息经济学[M]. 上海：上海人民出版社，1999.

[213] 张五常. 交易费用、风险规避与合约安排的选择[C]//财产权利与制度变迁——产权学派与新制度学派译文集. 上海：上海人民出版社，1994.

[214] 张小霞，于冷. 绿色食品的消费行为研究——基于上海市消费者的实证分析[J]. 农业技术经济，2006（6）：30-35.

[215] 张秀芳. 中国优质蔬菜产业经济分析与对策研究[D]. 泰安：山东农业大学，2007.

[216] 张云华，孔祥智，杨晓艳，等. 食品供给链中质量安全问题的博弈分析[J]. 中国软科学，2004（11）：23-26.

[217] 张云华. 食品安全保障机制研究[M]. 北京：中国水利水电出版社，2007.

[218] 张云华，马九杰，孔智祥，等. 农户采用无公害和绿色农药行为的影响因素分析[J]. 中国农村经济，2004（1）：41-49.

[219] 张忠明，钱文荣. 不同土地规模下的农户生产行为分析[J]. 四川大学学报：哲学社会科学版，2008（1）：87-93.

致　谢

本书是在我的博士论文基础上修改而成的。首先我要感谢博士生导师吴秀敏教授的教诲和指导。回首博士阶段的求学经历，从论文选题、到开题报告、外出调研、论文初稿的修改，预答辩前的修改，送审之前的修改，直到论文的完成，每一个环节都凝聚了导师辛勤的汗水和热切的关怀。在论文的写作过程中，导师的鼓励鞭策，使我克服困难，完成了论文的写作。书稿的修改到出版，同样是在导师的反复修改和鞭策下完成的。在此，我向导师致以最崇高的敬意和深深的感谢！

我还要感谢我的硕士生导师张文秀教授，是她带领我走上了科研的道路。感谢邓良基教授、陈文宽教授、蒋远胜教授、漆雁斌教授、傅新红教授、杨锦秀教授、冉瑞平教授、郑循刚教授、曹正勇副教授，在平日授课，以及开题报告和预答辩中对论文提出宝贵的指导意见。我的硕士和博士阶段的学习都是在四川农业大学度过的，我对四川农业大学有深厚的感情，非常感谢四川农业大学经管学院对我的培养！

感谢我的工作单位成都信息工程学院商学院的曹邦英教授、张恒教授、马先仙教授对我博士学习的支持。

感谢四川省绿色食品发展中心，成都市绿色食品发展中心工作人员在调研过程中提供的数据资料，感谢遂宁市农委、遂宁市农业局、遂宁市船山区农委、遂宁市安居区农委，感谢资阳市农业局、感谢双流县农业局、双流县黄甲镇劳动保障所、感谢眉山市农业局、眉山市东坡区农业局，感谢乐山市农业局、乐山市农业发展银行的相关工作人员对我调研中的大力支持。

感谢同门师弟赵智晶、刘强，师妹王姝涵、肖秋、王坤，严莉在外出调研以及论文写作过程中对我的帮助。

感谢我的父母对我的养育之恩。在我的求学道路上，他们给予了无限的关爱和帮助。感谢我的先生对我的关心和支持，还有我的女儿给我写作之余带来无限的快乐。

张 婷